氟利昂的燃烧水解技术

宁平　高红　刘天成　著

北　京

冶　金　工　业　出　版　社

2015

内 容 提 要

本书以热力学理论和方法对二氟二氯甲烷（CFC-12）在不同条件下的分解产物进行分析并选择燃料类型。基于密度泛函理论（DFT）的 CFC-12 在所选燃料燃烧场中的反应机理研究，重点是水在 CFC-12 降解燃烧场中的作用，为燃烧系统的设计提供更加完整的理论指导。在此基础上，对燃气的典型流动状态进行计算流体力学（CFD）模拟研究。对燃烧降解 CFC-12 的理论研究成果进行实验验证，同时对燃烧方式、空气过剩系数、燃烧器结构、水加入量等工艺参数进行优化，最终实现 CFC-12 的资源化利用。根据燃烧降解 CFC-12 的机理和工艺，完成中试设备设计、制造、安装，并验证了中试设备降解 CFC-12 的效果。

本书既可作为从事环境科学与工程专业的研究生和本科生的参考书，又可供相关专业的技术人员参考使用。

图书在版编目（CIP）数据

氟利昂的燃烧水解技术/宁平，高红，刘天成著 . —北京：冶金工业出版社，2015.10

ISBN 978-7-5024-7091-3

Ⅰ.① 氟…　Ⅱ.① 宁…　② 高…　③ 刘…　Ⅲ.① 二氟甲烷—二氯甲烷—高温分解　Ⅳ.①O623.21

中国版本图书馆 CIP 数据核字(2015) 第 243971 号

出　版　人　谭学余
地　　　址　北京市东城区嵩祝院北巷 39 号　邮编　100009　电话　(010)64027926
网　　　址　www.cnmip.com.cn　电子信箱　yjcbs@cnmip.com.cn
责任编辑　郭冬艳　美术编辑　彭子赫　版式设计　孙跃红
责任校对　郑　娟　责任印制　李玉山
ISBN 978-7-5024-7091-3
冶金工业出版社出版发行；各地新华书店经销；三河市双峰印刷装订有限公司印刷
2015 年 10 月第 1 版，2015 年 10 月第 1 次印刷
169mm×239mm；11.25 印张；217 千字；168 页
35.00 元
冶金工业出版社　投稿电话　(010)64027932　投稿信箱　tougao@cnmip.com.cn
冶金工业出版社营销中心　电话　(010)64044283　传真　(010)64027893
冶金书店　地址　北京市东四西大街 46 号(100010)　电话　(010)65289081(兼传真)
冶金工业出版社天猫旗舰店　yjgycbs.tmall.com
（本书如有印装质量问题，本社营销中心负责退换）

前　言

　　氟利昂（CFCs）是一类重要的臭氧消耗物质（ODS）和温室气体，在臭氧层破坏、气候变化异常和酸雨三大全球性环境问题中，臭氧层破坏及气候变化异常均与氟利昂排放有关。为了解决这一全球性的问题，旨在限制和禁止使用 CFCs 等 ODS 的《关于消耗臭氧层物质的蒙特利尔议定书》（About the Ozone Depleting Substance of the Montreal Protocol，以下简称《议定书》）得到世界上 160 多个国家的支持和批准。尽管 CFCs 的生产与使用已受到极大限制，但如何处理、利用库存和在用设备中的 CFCs 成为一个广受关注的焦点问题，开发实用的 CFCs 降解工艺和设备具有重要的现实意义。

　　以热力学软件 Factsage 为工具，对二氟二氯甲烷（CFC-12）在不同温度、压力以及甲烷、石油液化气（LPG）、一氧化碳、氢气四种燃料氛围中的平衡组成和产物分布做了深入研究，发现 CFC-12 在 4 种燃料体系中都能很完全地转化为 HF、HCl 和 CO_2，反应的化学亲和势和平衡常数都比没有燃料添加时大得多，这一效果以 LPG 体系更加显著，结合平衡组成分布考虑，认为 LPG 是降解 CFC-12 的最佳燃料。热力学研究显示 CFC-12 的热力学稳定性并不高，在一定条件下很容易发生裂解。在各种影响因素中，温度对裂解后平衡产物的分布影响很大，其中氯元素的分布特征是 1400K 以下以 Cl_2 为主、Cl 量很小，1950K 以上以 Cl 为主。F 元素的分布以 CF_4 为主，1900K 后，CF_2 的量也占有比较明显的优势，2500K 时，CF_4、CF_2 同时成为 F 的主要存在形式。当体系中有水存在时，主要产物则是 HF、HCl 和 CO_2，但其形成并非是温度越高越好，相对的低温更有利于 HF、HCl 和 CO_2 的选择性形成。压力对 CFC-12 降解反应影响很小，因此，在后续实验中没有考察压力对反应的影响。

　　用量子化学中的密度泛函理论（DFT）进行反应机理分析。对 CFC-12 在 LPG 燃烧场中的降解反应提出了一个涉及 46 个物种，包含 388 个反应的自由基反应机理。对所有基元反应进行量子化学计算予以确认。计算过程使用 Materials Studio 软件在密度泛函 LDA/PWC（DNP）水平下完成，经过筛选，最终得到一个包括 113 个能垒低于 41.868kJ/mol 的 CFC-12 降解机理。从理论上证实了 CFC-12 在 LPG 燃烧场中的降解存在多个低能垒的优势反应通道，它们互相交叉，形成了一个网络状反应通道体系。这一低能垒反应通道网络为 CFC-12 的快速、彻底降解提供了保障，这一保障来源于燃烧场提供的自由基。LPG 燃烧过程中形成的 CH_3、CH_2 等烃类自由基和卡宾与 CFC-12 分子及其碎片之间有很强的反应活性，有效地增加了 CFC-12 的低能垒分解通道，这说明了选择 LPG 作为燃料的优越性。该机理揭示了 CFC-12 降解的前半部分反应主要以形成 HCl 为主，其通道均为自由基反应；而 HF 主要在后半部分反应中形成，其来源有很大一部分依赖于水解通道。该机理还揭示了 CFC-12 对 LPG 的燃烧有抑制作用，但水解通道的存在降低了对燃烧的抑制，水的存在有利于 CFC-12 的降解。

　　实验研究从 CFC-12、H_2O 对 LPG 燃烧特性的影响入手，研究了燃烧处理 CFC-12 的基本规律，实验结果与理论研究完全一致。CFC-12 及 H_2O 对 LPG-空气混合气的燃烧速率有显著影响，CFC-12 会严重抑制燃烧，最大使 LPG 燃烧速率下降 77.4%。水的影响与 CFC-12 类似，但程度较轻。实验证实在 LPG 燃烧场中，CFC-12 分解反应能在瞬间完成，是一个动力学快速反应，通过 GC-MS 分析，没有发现中间产物富集。由于 CFC-12 对 LPG 的燃烧有很强的抑制作用，要提高 CFC-12 处理效率（即 CFC/LPG），控制目标指向燃烧场的稳定。实验结果表明，预混合旋流燃烧水解（Combustion and Hydrolysis of Rotational Flow with Partial-Premixed Feeding, CHRFPPF）工艺较好地解决了这一问题，这一工艺过程在设备上则通过将单环缝隙旋流燃烧器改为双环缝隙旋流燃烧器来实现。LPG 燃烧场中加入少量水蒸气有助于提高燃烧场处理 CFC-12 的能力，一次空气中水含量（标态）为 $14 \sim 20 g/m^3$ 时对 CFC-12 降解有利，超过 $20 g/m^3$ 后则对 CFC-12 的降解有负作用，用水在室温下以鼓泡的方式饱和预混空气即可达到理想的效果。

　　氟是重要的战略资源，通过向 CFC-12 燃烧尾气的吸收液中添加 $CaCl_2$，将吸收液中的氟以 CaF_2 的形式沉淀出来，通过分离即可实现 CFC-12 的资源化利用。实验证实，沉淀物的主要成分是碳酸钙和氟化钙，沉淀物要达到萤石精矿对 CaF_2 品位最低要求的工艺条件是：吸收液 pH 值在 3.0 以下，$CaCl_2$ 的投加量取理论需要量的 2.5 倍。

　　通过实验优化了 CHRFPPF 工艺参数：预混气体供给燃烧器内环，二次空气供给外环；$\alpha = 1.2$；一次空气 A1：二次空气 A2 = 0.4：0.6；一次空气用鼓泡法增加水含量。该条件下 CFC/LPG 值达到 2.02 而 CFC-12 分解率在 99.9% 以上。该结果较文献报道的最好处理能力（CFC/LPG 值）高 18.8%，还取消了燃烧场中的电热丝系统，简化了设备，降低了能耗。

　　使用 Fluent 软件，涡耗散（Eddy-Dissipation）化学反应模型完成了双环预混进口形式的 CFC-12 分解燃烧器射流燃烧与旋流燃烧的数值模拟。计算结果表明旋流燃烧方式可得到比射流湍流扩散燃烧更短的火焰，有利于减小燃烧器尺寸，降低设备造价。强烈的涡旋气流使整个燃烧器的温度、浓度分布更加均匀，更有利于 CFC-12 的分解。旋流流场中存在的径向和切向速度分布，使全预混旋流燃烧方式下的 CFC-12 分解率稍低于部分预混燃烧方式的 CFC-12 分解率。这与实验吻合得很好。

　　根据 CHRFPPF 工艺要求，设计制作了一套 CFC-12 处理能力为 2kg/h 的设备，其燃烧过程稳定，CFC-12 分解率大于 99.9%，处理能力达到设计要求，实现了研究目标，为工业化应用打下了良好基础。

　　以二氟二氯甲烷（CFC-12）为研究对象，以热力学和反应机理等理论研究为基础，自行设计了中试实验装置，结合实验研究，确定了预混合旋流燃烧水解（CHRFPPF）基本工艺参数。

　　本书得到了云南省自然科学基金和昆明理工大学科学研究基金的大力支持，成果由云南省跨境民族地区生物质资源清洁利用国际联合研究中心资助出版，在此致以衷心的感谢。

　　鉴于作者的水平及经验所限，书中不当之处，恳请广大读者批评指正。

作　者

2015 年 7 月于昆明

目　　录

1 绪 论

1.1 概述

1.1.1 氟利昂生产方法简介

氟利昂（CFCs）的生产方法有甲烷氟氯化法、氯代甲烷氟化取代法及歧化反应法等几种。如果以反应状态来分，可分为液-液反应、气-气反应、气-固反应等。采用何种工艺主要取决于催化剂和原料的存在形式[14]。

目前，我国生产 CFCs 一般采用液相催化反应和歧化反应法。CFC-12 和 CFC-22 的生产方法基本上与国外大多数企业的工艺路线一致，即采用五氯化锑作为催化剂，以氯化甲烷和无水氟化氢为原料，在加压反应器中进行液相催化反应。其中生产氟化氢的原料是萤石和硫酸。五氯化锑是氟化反应较为理想的催化剂。反应后的物料，经干法分离处理、水洗、碱洗后除去酸性物质，再经压缩、分馏、干燥获得合格产品。生产中一般将反应釜内的温度控制在 55 ~ 100℃之间。生产 CFC-12 时反应压力一般在 1.2 ~ 1.6MPa 间，生产 CFC-22 时反应压力一般采用 0.7 ~ 1.5MPa。

以生产 CFC-12 为例，原料 HF 和 CCl_4 氟化反应器中在 $SbCl_5$ 催化作用下发生如下反应：

主反应：

$$CCl_4 + 2HF \xrightarrow{SbCl_5} CCl_2F_2 + 2HCl \qquad (1-1)$$

副反应：

$$CCl_4 + HF \xrightarrow{SbCl_5} CCl_3F + HCl \qquad (1-2)$$

$$CCl_4 + 3HF \xrightarrow{SbCl_5} CClF_3 + 3HCl \qquad (1-3)$$

在反应过程中除生成 CFC-12 外，还有少量 CFC-11、CFC-13 以及大量的 HCl 生成，因此必须进行精制。从氟化反应釜出来的粗制气中，尚有少量未反应的 HF 和 CCl_4 及 CFC-11，需要回流至反应釜内继续反应。经精馏柱反应后的气体中主要物质为 CFC-12 和 HCl，将这些粗制气体进行分离、吸收将其中的 HCl 除去得到副产品盐酸，剩下的气体再经一、二级压缩分离冷凝等处理，最终得到 CFC-12 成品，工艺流程见图 1-1。从原料和生产工艺上可以看出 CFCs 的生产成本是很低的，这也是 CFCs 能运用到生产及日常生活中去的主要原因之一。

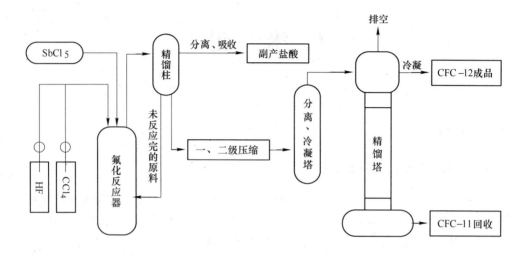

图 1-1　CFC-12 生产工艺流程图

1.1.2　氟利昂的性质与应用

CFCs 的种类很多，一般在常温、常压下均为气体，略有芳香味。在低温或加压情况下呈透明状液体。能与卤代烃、一元醇及其他有机溶剂（如油、苯、酮、氯仿等）以任何比例混溶，氟致冷剂之间也能互溶。

氯氟烃类有一个共同点：以碳氢化合物为基本形态，其中的氢被卤素（氟、氯、溴等）置换，因置换的程度不同而形成不同的衍生物。其分子结构决定了氯氟烃的化学性质。化学分子式中氟原子数越多，对人体越无害，对金属的腐蚀性越小，化学稳定性越好。而燃烧性随分子式中氢原子数目的减少而显著降低，蒸发温度则随氯原子数目的增加而升高[15]。

国际上根据构成 CFCs 的各元素原子数的不同为其命名，命名方法见图 1-2，其中当 C 数为 1 时，也即在命名法中显示 C 数为零，C 数值可省略，但 F 数和 H 数不可省略。

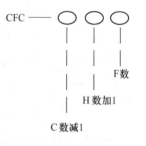

图 1-2　CFCs 命名法

CFCs 的物理化学性质主要有[16,17]：（1）具有较强的化学稳定性，不分解；（2）具有良好的热稳定性，不燃、不爆；（3）汽、液两相变化容易；（4）表面张力小、具有浸透性；（5）无毒、无刺激性、无腐蚀性；（6）电绝缘性高；（7）适当的亲油性；（8）价格低廉易于大量生产。

人们利用 CFCs 的这些特性将之广泛应用于现代生活的各个领域，如制冷、发泡、溶剂、喷雾剂、电子元件的清洗等行业中。氟利昂在各行业中的使用比例[18]见图1-3。迄今为止，全世界向大气中排放的 CFCs 已超过了 2000 万吨，目前全世界 CFCs 的拥有量约 $1.14 \times 10^6 t$[19]。

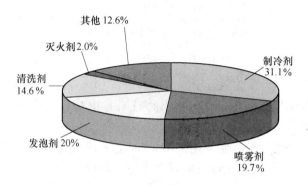

图 1-3　氟利昂在各行业中的运用比例

1.1.3　氟利昂的危害

臭氧是一种淡蓝色的气体，具有强氧化性。大气中的臭氧主要来源于氧分子在太阳紫外辐射作用下的光离解，主要分布于地面以上 $10 \sim 50 km$ 的平流层中，$20 \sim 30 km$ 处浓度最大，通常将之称为臭氧层。1930 年，Chapman 建立了有关平流层臭氧形成与消耗的经典光化学平衡理论[20]，解释了臭氧浓度垂直分布的主要特征。虽然臭氧在大气中占的比例极小，但它却是大气中最重要的微量成分之一。这是因为：

（1）臭氧对太阳紫外辐射（$0.2 \sim 0.29 \mu m$）有强烈的吸收作用，臭氧层能吸收掉到达地球的太阳辐射中 99% 的紫外线，使地球上的生物免遭强烈的紫外辐射的伤害。强紫外辐射有足够的能量使包括 DNA 在内的重要生物分子分解，增高患皮肤癌、白内障和免疫缺损症的发生率，并能危害农作物和水生生态系统，因此臭氧层是地球芸芸众生的保护伞。

（2）臭氧层吸收的太阳紫外辐射能量使平流层大气增温，对平流层的温度场和大气环流起着决定性作用，如果平流层臭氧浓度下降，将引起平流层上部温度下降，平流层下部和对流层温度上升。因此，臭氧层对建立大气的垂直温度结构和大气的辐射平衡起重要作用。

CFCs 排放到大气中会导致臭氧含量下降。因为 CFCs 是非常稳定的惰性气体，在对流层中的寿命可长达数十年甚至上百年[21]，它们随气流运动能够到达臭氧层，在此被强烈的紫外线照射后降解产生破坏臭氧的原子氯（即活性氯自由基 Cl·），继而发生如下反应：

$$CF_xCl_y \xrightarrow{UV} CF_xCl_{y-1} + Cl \cdot \qquad (1-4)$$

$$Cl \cdot + O_3 \longrightarrow ClO \cdot + O_2 \qquad (1-5)$$

$$O_2 \longrightarrow 2O \cdot \qquad (1-6)$$

$$ClO \cdot + O \cdot \longrightarrow Cl \cdot + O_2 \qquad (1-7)$$

$$O \cdot + O_3 \longrightarrow 2O_2 \qquad (1-8)$$

这些反应使臭氧分子转变为氧分子，而氯自由基 $Cl \cdot$ 在这一过程中充当了催化剂的角色。在不引起歧义的情况下，本书将省略自由基表示式中表示孤电子的点"·"，例如将 $Cl \cdot$ 直接记为 Cl。

根据国际臭氧趋势专题研究组的 Dobson 臭氧仪观测资料统计分析，揭示在 1969～1986 年的 17 年间，全球总臭氧含量的平均值明显下降，在北纬30°～60°范围内，年平均减少率为 1.7%～3.0%[22]。平流层臭氧减少使得到达地球低层大气和地表的太阳紫外辐射（UV）量增加，其中UV-B(280～320nm) 波段增加很多。试验表明，臭氧分子每减少1%，到达地表的紫外辐射量将增加2%。UV-B 辐射的增加对人类健康会产生很大的影响，它会破坏人体抗病能力，诱发皮肤癌、麻风、天花等疾病并危害呼吸器官和眼睛[4,23]。据医学估计，如果臭氧总量减少1%，皮肤癌发病率可增加5%～7%。另一方面，到达地面紫外辐射的增加会引起海洋生物大量死亡，造成某些生物灭绝，还会引起小麦、水稻等减产。

氟利昂还是非常重要的温室气体[5,6]。虽然 CFCs 在大气中的浓度显著低于其他温室气体，但其温室效应是 CO_2 的 3400～15000 倍，CH_4 的 300～1400 倍，大量排放对大气的垂直温度结构和人气的辐射平衡产生重要影响，从而导致气候变化异常，并严重威胁地球的生态安全。

因此，在臭氧层破坏、气候变化异常和酸雨三大地球环境危机中，臭氧层破坏及气候变化异常这两大危机直接与 CFCs 排放相关，可见 CFCs 对环境的危害之深。因而 CFCs 的污染治理问题受到世界各国政府和学者的重视。表 1-1 列出了主要 ODS 和温室气体的种类和相关指标[24]。

表 1-1　主要消耗臭氧层物质和温室气体对环境的影响

名　称		分子式	在对流层中的寿命/年	ODP[①]	GWP[②]
CO_2		CO_2	120	0	1
CFCs	CFC-11	$CFCl_3$	45	1	4600
	CFC-12	CF_2Cl_2	100	1	10600
	CFC-13	CF_3Cl	640	1	14000
	CFC-115	CF_3CF_2Cl	1700	0.4	7200

续表1-1

名　称		分子式	在对流层中的寿命/年	ODP[①]	GWP[②]
HCFCs	HCFC-22	CHF_2Cl	15	0.05	1500
	HCFC123	$CHCl_2CF_3$	2	0.02	93
	HCFC-141b	CH_3CFCl_2	—	0.11	630
HFCs	HFC-23	CHF_3	260	0	12000
	HFC-134	CHF_2CHF_2	9.6	0	1100
	HFC-134a	CH_2FCF_3	13.8	0	1300
PFCs	四氟化碳	CF_4	50000	0	5700
	六氟乙烯	C_2F_6	10000	0	11900
其他	六氟化硫	SF_6	3200	0	22200
	三氯乙烷	CH_3CCl_3	7	0.1	—
	甲　烷	CH_4	12	0	23
	氧化亚氮	N_2O	114	0	296

① 消耗臭氧潜值（Ozone Depletion Potential），以 CFC-11 为基准物，其 ODP 值为1。

② 温室效应潜值（Global Warming Potential），以 CO_2 为基准物。根据国际气候变化委员会 2001 年资料，GWP(CO_2) = 1；100 年时间框架。

1.2　解决氟利昂污染问题的方法与技术

可供选择的大气污染常规控制方法有：（1）促进扩散。（2）通过改变生产过程降低排放、防止污染。（3）应用下游污染控制设备。针对 CFCs 污染的特点，这些方法均不适用。例如，若采取促进扩散的方法来处理 CFCs，则不但对控制温室效应无助，还会加速对臭氧层的破坏，其效果适得其反。因此，必须采用一些非常规措施。从战略层面来讲，解决氟利昂所产生的环境污染问题有三条途径：（1）限制与禁用。（2）替代品开发。（3）氟利昂的无害化。

1.2.1　氟利昂的限制与禁用

禁用、限制、配额和技术标准等传统的环境管制措施是一类有效的环境管理方法。自从发现氟利昂对环境的危害以后，国际社会即采取了有力措施以防止问题继续恶化，以缔结国际公约的形式来限制、禁止氟利昂的生产与使用是到目前为止最有效也最成功的方法。联合国环境规划署（UNEP）自 1976 年起陆续召开了各种国际会议，通过了一系列保护臭氧层的决议，1985 年 3 月 UNEP 在奥地利召开会议，通过《维也纳保护臭氧层协定》，1987 年 9 月 16 日，46 个国家在加拿大蒙特利尔签署了《议定书》，开始采取保护臭氧层的具体行动。1990 年、

1992 年和 1995 年，在伦敦、哥本哈根、维也纳召开的议定书缔约国会议上，对《议定书》又分别作了 3 次修改，形成了 3 个修正案，扩大了受控物质的范围。《议定书》将受控物质按淘汰时间以附件形式分类，氟利昂是《议定书》中最先指定淘汰的物质之一。表 1-2 列出了《议定书》中部分第一类受控物质的淘汰时间[25]。

表 1-2 《议定书》中部分第一类物质的淘汰时间

地 区	受控氟利昂	淘汰时间要求
发达国家	CFC-11，CFC12，CFC-113，CFC-114，CFC-115	1989 年 7 月 1 日起生产量和消费量冻结在 1986 年的水平； 1994 年 1 月 1 日起削减冻结水平的 75%； 1996 年 1 月 1 日起完全停止生产和消费
发展中国家	CFC-11，CFC12，CFC-113，CFC-114，CFC-115	1999 年 7 月 1 日起生产量和消费量冻结在 1995～1997 三年的平均水平上； 2005 年 1 月 1 日起削减冻结水平的 60%； 2007 年 1 月 1 日起削减冻结水平的 85%； 2010 年 1 月 1 日起完全停止生产和消费

《议定书》现已得到 163 个国家的批准，使包括 CFCs 在内的 ODS 的生产和使用在世界范围内得到逐步禁止，为建立保护臭氧层的全球机制发挥了重要作用。根据《议定书》的要求，发达国家在 1996 年前须停止氟利昂的生产与消费，2010 年成为全世界能够生产、使用氟利昂产品的最后期限。美国于 1995 年底就停止了 CFCs 生产。我国于 1991 年 6 月加入《议定书》（伦敦修正案），于 1992 年编制了《中国消耗臭氧层物质逐步淘汰国家方案》，并在 1993 年初得到国务院与多边基金执委会的批准。在履约《议定书》方面，我国首先将行业整体淘汰计划引入多边基金，使整个基金的项目管理方式发生了战略性调整；我国建立了生产削减、消费淘汰、替代品生产和政策法规建设的"四同步"机制；率先实施了 CFCs 提前淘汰行动等，得到国际社会的普遍赞扬。2005 年底，中国的 CFCs 生产和消费比 1997～1999 年的平均水平下降了 63% 和 74%，按照国家加速淘汰 ODS（消耗臭氧层物质）计划的要求，我国于 2007 年 7 月 1 日实施了最后一个 CFCs 的行业淘汰计划[26]，至此，我国已在 2007 年 7 月 1 日停止了全部非必要用途的 CFCs 和哈龙的生产和消费[27]，较之前的承诺提前了两年半，为保护臭氧层作出了极大贡献。截至 2008 年年底，《关于消耗臭氧层物质的蒙特利尔议定书》多边基金执委会已批准中国 17 个行业整体淘汰计划[28]。限制和禁止 CFCs 的生产与消费，为彻底解决其污染问题起到了不可替代的作用。从 1994 年起，对流层中氟利昂浓度已开始下降，但是，由于氟利昂的化学稳定性，即使议定书完全得到履行，处于平流层内受到破坏的臭氧层的恢复仍需要很长时间。据 1998 年 6 月世界气象组织发表的研究报告和联合国环境规划署作出的预测，大约要到 2020 年，人类才能看到臭氧层恢复的最初迹象。

1.2.2 氟利昂的替代

在现代经济中，CFCs 的应用非常广泛，随着对 CFCs 生产和消费的严格管制，人们必须在相应使用领域找到 CFCs 的代用品，开发替代技术[29~32]，只有这样才能真正实现 CFCs 的永久削减。一般而言，CFCs 的替代物应满足以下要求：（1）符合环境保护要求，即替代物的 ODP 和 GWP 值都要小，一般应低于 0.1；（2）符合使用性能的要求，即替代物的热力学性质和应用物性等，能符合制冷、发泡、清洗等各行业对它们性能的要求；（3）满足实际可行性的要求，包括替代物生产工艺、设备的匹配以及安全性、经济性等。根据目前有关资料报道的 CFCs 替代物主要有两类：纯替代工质和混合工质，混合工质又分为共沸混合工质或近共沸混合工质、非共沸混合工质。20 世纪 90 年代以来对 CFCs 替代工质研究[33~38]主要集中在 CFCs 家族中含氟不含氯的物质（HFCs）、非完全卤化物质（HCFCs），以及碳氢类物质（HCs）上。就目前的情况来看，制冷剂领域研究替代品仍然没有超出 CFCs 的范围，仅仅是推出了一些对臭氧层破坏性小的品种代替原来那些破坏性大的产品。例如美国 SNAP(Significant New Alternative Policy) 广泛考虑了 ODP、GWP、燃烧性、毒性、安全性、经济性、技术性等条件，分析出以下方案：汽车空调器、电冰箱用 HCFC-14lb (CH_3CCl_2F)、HFC-134a (CH_2FCF_3)或 HCFC-22($CHClF_2$)替代 CFC-12 致冷剂；HCFC-123($CHCl_2CF_3$)替代 CFC-12，用作涡轮冷冻机的致冷剂；CFC-114(二氯四氟乙烷)的替代致冷剂为 HCF-124(一氯四氟乙烷)或 HFC-134a；R-502 的替代致冷剂为 HFC-32(CH_2F_2)或 HFC-134a。俄罗斯的氟利昂替代技术研究主要在俄联邦应用化学科学中心和国家的一系列院校中进行，他们筛选出的主要替代物主要是氟碳氢化合物，品种有 134a(CF_2CFH_2)、152a(CF_2HCH_3)、125(CF_3CF_2H)、32(CH_2F_2)等[39]。

为指导替代品建设工作，我国于 1999 年编制了《中国 ODS 替代品发展战略》。在该战略指导下，我国通过多边基金资助 2600 多万美元，支持了包括 HFC-134a 制冷剂、ABC 干粉灭火器等多个替代品生产项目，为促进我国替代品产业的发展起到了推动作用。国家环保总局还于 2004 年公开发布了首批 ODS 替代品名录，以期对 ODS 的替代起到一定的引导作用。

世界上一些 CFCs 的主要生产厂家也参与开发研究了替代 CFCs 的含氟替代物（含氢氯氟烃 HCFCs 和含氢氟烷烃 HCFs 等）及其合成方法，有可能用作发泡剂、制冷剂和清洗溶剂等，但这类替代物也损害臭氧层或产生温室效应，一些非《议定书》受控对象成为《京都议定书》的受控物质，故而这种替代方案只能是暂时的。

替代品和替代技术已成为能否全面淘汰消耗臭氧层物质的关键。目前 HCFCs 替代面临不少技术难题，既对臭氧层友好、又对气候友好的替代品和替代技术的最终选择还没有在全球形成共识，但重点方向是明确的：开发研究非 CFCs 类型的替代物质和方法[19]，如水清洗技术、氨制冷技术等。

1.2.3 氟利昂的无害化技术

尽管氟利昂的生产与应用已受到严格限制，替代品的开发也在加快步伐，但现在世界上还有 200 多万吨氟利昂存在于废旧设备中[8]，这些氟利昂若不加回收处理而任其排入大气，那前期努力所取得的成绩将毁于一旦。如何处理这部分氟利昂，将之分解为无害物质或转化为有用物质的技术是环境工程技术开发的迫切任务。该任务不仅涉及技术问题，还涉及经济问题。采用可靠且低成本的技术方法，应该成为降解与利用 CFCs 的原则[40]。

许多国内外专家基于对 CFCs 性质的了解，早已开始 CFCs 处理技术的研究。日本从 1990 年 7 月开始正式投入开发 CFCs 处理技术，成功利用高频等离子降解 CFCs 并使之无害化，成为跨入降解 CFCs 无害化处理领域的第一个国家[41]；欧美国家的研究也取得了很大的进展，主要利用 Cr-Al 等金属或金属氧化物作催化剂催化降解 CFCs。由于经济发达国家淘汰 CFCs 的时间较早，他们开展 CFCs 无害化技术研究的时间也比较早，许多相关报道和有价值的参考文献也主要集中在 20 世纪 80~90 年代。我国对治理 CFCs 的研究起步稍晚，但近年来，也加快了对 CFCs 无害化研究的步伐，在实用技术方面也取得了一定的突破，获得了一些有价值的研究成果，例如利用微波等离子技术降解 CFCs 以及以复旦大学高滋研究组对催化降解 CFCs 做了大量基础性研究工作。根据 UNEP 销毁破坏臭氧层物质顾问委员会的推荐，分解破坏 CFCs 的方法有十多种[42]，且均属于物理化学方法。

1.2.3.1 高温热降解法

热降解技术是实现 CFCs 降解的成熟方法之一，常见的有燃烧法、水泥窑法、催化燃烧法、熔融盐降解法等。高温热降解方法反应条件容易控制，破坏效率高达 99.9% 以上，是一种容易推广的实用技术。

水泥窑法降解 CFCs 是获得《议定书》缔约国第二次会议认可的方法之一。美国和瑞典曾部分地试行过，但未进行详细研究。1994 年，日本秩父小野田水泥公司和东京都地方政府共同进行了利用水泥窑处理 CFCs 的详细研究。具体过程如下：将 CFCs 注入约 1500℃ 的水泥窑中，由于水泥窑中有水蒸气存在，使 CFCs 发生降解反应，降解生成 HF、HCl 及二氧化碳。HF 和 HCl 会被水泥熟料中的氧化钙（CaO）吸收，分别生成氯化钙（$CaCl_2$）和氟化钙（CaF_2），不需任何特别的处理。利用水泥窑法可以处理气态的 CFC-12 或液态的 CFC-11 及 CFC-113 并可获得一个很高的销毁效率[43,44]。CFCs 在水泥窑中降解生成的酸性气体，几乎完全会被水泥生产过程所吸收，极少排放到空气中，但长期运转后会不会对水泥生产设备造成破坏和腐蚀还有待验证。CFCs 分解时在窑尾和最终排气口测定了包括二噁英、二氯甲烷等 13 种有机氯系物质的排放情况，结果表明有机氯化物的排放浓度非常低且安全[45,46]。由于分解时产生的氯化氢几乎都进入水泥中，而普通水泥对氯含量有限制性规定，因此水泥窑法降解 CFCs 时必须控制 CFCs 的破坏量。根据使用结果，日产 1 万吨水泥的设备，每年可破坏 50t 的 CFC-12[46]。

催化燃烧法是降解包括芳烃类、醇类、醛类、卤代烃类等在内的 VOCs 的有效方法之一，能够在很低的浓度（小于 1%）下进行操作，相对于非催化燃烧，具有更低的操作温度。此项技术的关键是低温、高活性、热稳定性好的催化剂的研制开发，其性能的优劣对消除效率和能耗有着决定性的影响。目前用于卤代烃降解的催化剂有 Pd、Pt 等贵金属催化剂和 MnO_x 等氧化物催化剂，大多以 γ-Al_2O_3、TiO_2 等含氧化物和 H-ZSM5、HFAU 等分子筛为载体。相对于其他挥发性有机物来说，卤代烃的消除比较困难，其起燃温度较高。对于氯苯的消除，贵金属中 Pt 好于 Pd。Taralunga 等[47]研究了湿空气中的氯苯在 Pt/HFAU（Pt 含量从 0~1.1%）催化剂中的燃烧情况，结果表明：Pt/HFAU 催化剂的活性明显好于传统的催化剂 Pt/Al_2O_3、Pt/SiO_2，其活性顺序为 Pt/HFAU > Pt/Al_2O_3 > Pt/SiO_2，在 350℃ 下，氯苯可以完全燃烧，此时 CO_2 的选择性接近 97.5%。在 300℃ 下，催化剂的活性随着 Pt 含量的增加而升高，在含量为 0.6% 时达到最大。Dai 等[48]发现，由 Ce(NO_3)$_3$·$6H_2O$ 热分解制备，再经 500℃ 焙烧得到的 CeO_2 催化剂具有优异的催化燃烧活性，对三氯乙烯的 $T_{90\%}$ 转化温度为 205℃，但运行几小时后 HCl 和 Cl_2 吸附使催化剂热稳定性显著降低甚至失效。因而，将晶格中 Ce^{4+} 替换为 Zr^{4+}，可大大提升储氧能力、氧化还原性能和热稳定性，增强低温催化活性[49]。张纪领等研究了 CFC-12、HCFC-22 和 CFC-134a(CH_2FCF_3) 在新型霍加拉特催化剂上的反应情况[50]，发现在空速 15000h^{-1}，相对湿度 60%（常温）条件下，315℃ 时催化降解 CFC-12 和 HCFC-22 的分解率分别为 27.6% 和 100%；260℃ 时，两者的分解率分别降为 18.7% 和 96.8%。CFC-134a 要比 CFC-12 和 HCFC-22 难分解，在 315℃ 时，其分解率最高为 19%，260℃ 时则降至 2% 以下。另外，在卤代烃中加入其他碳氢化合物或水对催化剂的活性影响较大[51]。目前催化燃烧研究的主要热点是单金属或双组分贵金属负载型催化材料、含锰和铜或铈的过渡金属复合氧化物、含 $La_{1-x}Ce_xCoO_3$、$LaFe_{0.7}Ni_{0.3}O_3$ 的钙钛矿型、含 $CuFe_2O_4$、$CuMn_2O_4$ 的尖晶石型等典型高活性催化组分的制备与评价，而有效提高贵金属催化材料的稳定性和抗中毒性能，以及提高过渡金属催化材料的活性和高温稳定性是这些催化体系的研究重点[52]。催化燃烧法降解 CFCs 是一种很有潜力的方法，尤其是对含氢氟氯碳化合物（如 HCFC-22）的降解更显重要。

熔融盐被广泛用作热介质、化学反应介质以及核反应介质，应用于冶金、国防、能源等领域[53~57]。C. H. Peter，S. Kimihiko，B. Bjrn 等人相继进行了熔融盐在环境保护领域的研究[58~64]。作者课题组开展了用熔融盐降解 CFC-12 的探索性研究[65]，取得了不错的效果[65~68]：选用 $CaCl_2$-NaCl 熔融盐体系，以 $Al_2(SO_4)_3$

为催化剂，实现了熔融盐中 CFC-12 的水解，CFC-12 分解率可达99%以上，丰富了 CFCs 的降解技术。

1.2.3.2　催化降解法

由于《议定书》的实施，在 20 世纪末掀起了一股研究 CFCs 降解方法的高潮，其中，催化降解法的研究占了很大比重。日本、美国、德国以及我国都有研究小组从事 CFCs 的催化降解研究工作[69]。1989 年，Okazaki 等发现 CFCs 能在 Fe_2O_3/C 的催化下与水蒸气反应生成 CO_2、HCl 和 HF。1990 年，Jacob 公开了在水蒸气存在下催化降解含卤有机物的专利[70]，该降解反应通式为：

$$C_aH_bX_c + (c-b)/2H_2O + [a+(b-c)/4]O_2 \longrightarrow aCO_2 + cHX \qquad (1\text{-}9)$$

日本专利特开平 3-106419、3-42015 也都各自公开了一种使 CFCs 降解的方法及所用的催化剂。另外，在 ZrO_2 和 TiO_2 催化下的降解也有披露[71]。

在催化降解 CFCs 的研究过程中，人们采用的方法包括催化氧化[72]、氢解[73]、水解[74]等，催化剂体系涵盖了沸石、金属氧化物、固体酸、固体碱等。根据 Tajima 等的研究[75]，由于催化剂表面氟化明显，沸石骨架铝易与 HCl 和 HF 反应而脱除，水蒸气对催化剂活性影响很大，因此沸石作为 CFCs 降解催化剂的寿命很短。Okazaki 等[76,77]较早地报道了 CFC-13（$CClF_3$）在一系列金属氧化物上的催化水解，发现许多金属氧化物的活性都不高，而活性炭负载 Fe_2O_3 的活性可高达96.4%，但产物中 CO 成分很高。Yusaku Takita、Tatsumi Ishihara 等人[78,79]在研究金属氧化物催化降解 CFC-12 和 HCFC-22 时发现：对于 CFC-12 来说，ZrO_2-Cr_2O_3 可显示出最高的催化活性，但其催化活性却下降迅速；对于 HCFC-22 来说，ZrO_2-Cr_2O_3 也可显示出最高的催化活性，其寿命也较长。Tajima 等研究了 CFC-113（$C_2Cl_3F_3$）在 TiO_2-ZrO_2 上的水解[80]，发现其活性较高，在450℃反应的最初活性为94%，保持20h 稳定，但反应120h 后活性降为85%。为提高催化性能，Tajima 等[81]把 W、V 和 Mo 的氧化物负载于 TiO_2-ZrO_2 上进行研究，发现以 WO_3 的效果最好，最佳的 WO_3/TiO_2-ZrO_2 催化剂在350℃反应活性为90%，70h 不失活，但降解产物中含有大量 CO。Hongxia Zhang 等用 Pt/TiO_2-ZrO_2 催化降解 HCFC-22[82]，发现可以提高生成 CO_2 的选择性，但催化剂活性却降低了。复旦大学高滋等系统研究了 CFC-12 在 WO_3/M_xO_y（M = Zr、Ti、Sn、Fe）固体强酸上的水解[83]，发现 WO_3 的负载大大提高了催化剂的比表面积，使反应温度降低了 95~170℃。本书作者也开展了固体酸、固体碱催化降解 CFC-12 的研究[84]，以浸渍法制备的固体酸催化剂 MoO_3/ZrO_2，在进气浓度为 1% 的条件下，100h 内 CFC-12 的转化率为80%~85%，水解温度降低至250℃；以溶胶-凝胶法制备的固体碱催化剂 Na_2O/ZrO_2 对 CFC-12 有更高的催化活性和稳定性，CFC-12 的转化率可达90%以上，能连续使用120h，水解温度为260℃。

在 CFCs 催化分解中，催化剂氟化现象比较普遍。催化剂氟化可提高其活性，

Tajima 等研究 CFC-113 在沸石上的分解时发现 CFC-113 的转化率在反应 30min 时为 85%，而反应 1h 后升为 98%[75]；Greene 等研究了 TiO_2 上的 CFCs 分解，发现在最初的几小时内也有类似的活性上升现象[85]；催化剂氟化虽然提高了催化活性，但导致了 CFCs 副产物的生成。例如：在 CFC-12 的分解中有 CFC-13 生成[86,87]。Bickle 等研究 CFC-113 在 Pt/ZrO_2 上的分解时，也发现有副产物 CFC-114 和 CFC-115 产生[88]。

催化降解是处理低浓度 CFCs 的有效方法，现已取得了许多进展，但总体上说目前尚停留在实验室研究阶段，离工业化要求还有相当的距离，许多问题有待进一步研究。例如催化剂积碳和杂质气体（如 CO，NO 等）对现有催化剂水解性能的影响；催化剂的长期使用稳定性；催化剂的失活机理和再生方法；催化剂对不同类型 CFCs 的普适性等都是迫切需要解决的问题。

1.2.3.3 等离子体降解法

等离子体降解法就是利用等离子放电激发氟利昂降解的方法。目前，国际上已发展了多种等离子体技术用于处理 CFCs。常见的高温等离子体法是将 CFCs 与水蒸气一起送到等离子体的高温（5000 ~ 10000℃）气流中，两者降解为 HCl、HF、CO_2[89~91]。近年又发展了低温等离子体技术，也被用于降解 CFCs 的研究。有代表性的几种方法是：

（1）直流热等离子技术。这是目前 CFCs 处理方法中最有效和最有发展前景的热等离子体技术。澳大利亚、法国、日本、美国等都在大力发展该技术，具有代表性的工艺是由东京电力公司、日本钢铁公司、日本电子公司及通产省国家资源与环境研究所共同开发的。澳大利亚的 CSIRO 公司和 SRL Plasma 公司也联合发展了 PLASCON™ 直流热等离子技术，但 CF_4、CF_3Cl 等副产物残留以及电极与耐火材料消耗等问题是该技术与其他直流等离子体技术共有的有待解决的重要问题。近期发展起来的高频电感耦合等离子体（ICP）处理技术克服了其他直流等离子体技术中存在的电极消耗与耐火材料消耗等问题。高频 ICP 具有高频趋肤效应，CFCs 随载气进入中心通道，在高温环状等离子体作用下热解，进而与外层支持气体混合反应。高功率高频 ICP 可采用空气或氧气为支持气体，大大减少运行成本，同时大量存在的氧气可进一步提高消解效率，当应用氢氧混合气作 ICP 支持气体，或应用水汽与 CFCs 化合物混合消解技术时，CF_4 和 CF_3Cl 等含 F 残留有可能得到进一步降低。在输出等离子体 100kW，等离子体温度在 1×10^4℃ 以上的条件下，高频 ICP 对 CFC-12 的消解效率大于 99.99%，高于直流等离子体技术（PLASCON）和低频 ICP 技术[92]。虽然高功率高频 ICP 在 CFCs 处理方面有很大的潜力，但在工作参数优化、现场监控等方面还有待进一步深入研究[93]。

（2）放电等离子体处理技术。放电等离子体技术是通过高电压放电而获得等离子体的方法，主要有脉冲放电、沿面放电和无声放电等。它们处理低浓度废气时比较有效[94]。不同形式的放电等离子体反应器分解氟利昂的效率不同，例如脉冲放电等离子体反应器处理 CFC-113 的分解率约为 70%，而用高频波的沿面放电型反应器则相应分解率大于 99%[95]。通过高压放电来产生等离子体存在爆炸等安全隐患。

（3）低温等离子体技术。低温等离子体即非平衡态等离子体，其特征是能量密度较低，重粒子温度接近室温而电子温度却很高，电子与离子有很高的反应活性。目前已有多个研究小组公布了他们在该领域的研究成果[96~98]：CFCs 的分解程度取决于等离子体传递的能量，与 CFCs 的类型无关。低温等离子体技术中报道较多的是介质阻挡放电（DBD）等离子体技术[98,99]。DBD 是产生非平衡态等离子体的一种有效方式，可以工作于气压为 $10^4 \sim 10^6$ Pa 的空间，是一种高气压的非平衡放电。利用 DBD 产生的非平衡态等离子体，在常压下实现了 CFC-12 的降解，并达到了比较满意的降解率，并且在能量的利用上更加合理。将 DBD 等离子体技术应用于氟利昂的处置，正在成为环境科学工作者的一个研究热点[100]。DBD 技术的主要缺点在于其主要产物是 COF_2 及 $COClF$、CF_4 等[98]，这给尾气的后处理带来很大困难。中国台湾王亚芬等人研究了 CFC-12 在冷等离子体系统中加氢条件下的分解，认为 CFCs 的进气浓度和功率是影响 CFCs 分解的主要因素，他们在 100W，CFC-12 的进气浓度为 7.6%，H_2：CFC-12 为 7.0，压力 2000Pa（15Torr）的条件下，实现了 94% 以上的 CFC-12 转化率，主产物是 CH_4 和 C_2H_2[101]。

见诸报道的还有微波等离子体技术[102,103]，同样也是利用微波将反应物温度加热到 8000 ~ 10000℃，达到等离子状态后将 CFCs 降解。此外，Osamu Tsuji 等人还用等离子法让 CFCs 与其他单体共聚生产聚合物[104]，还有用等离子处理催化剂表面来分解 CFCs 的报道[105]。总之，已有多种等离子体技术被用于处理 CFCs，但等离子体实验的因素复杂多变，难度大，设备的制造成本较高，使这种方法的应用仍然缺乏一个坚实的工程基础。

1.2.3.4　高能射线降解法

高能射线降解法的原理是用接近最佳降解波长的紫外光或其他光线降解特定 CFCs[106~108]，氟利昂在自然环境中的光解过程为其理论原型。

东京电力公司与 KRI 国家公司联合开发了由 CFCs 合成氟聚合物和氯的方法，各占 20% ~ 80% 的 CFCs 与氧的混合物以 10mL/min 的流速通过装有低压汞灯的反应塔，来自汞灯 185nm 的紫外光几乎使大部分 CFCs 降解成氯气和半衰期为几秒的氯氟烃基团，基团合成为低相对分子质量的氟聚合物，通过聚碘膜，从气流中分离出气体，整个反应在 150℃ 下进行[109]。捷克斯洛伐克 Comerius 大学研究的阴极发光—电晕放电降解 CFC-12 与上面的方法类似。

同位素辐射降解法是利用同位素辐射使氟利昂发生降解反应的方法。日本东京都立放射性同位素研究所成功利用钴 – 60 实现了 CFC-113（即三氟三氯乙烷）的降解，其分解率达到 90% 以上。

超声波降解 CFCs 技术[110]。K. Hirai 等人利用该技术降解水中的 CFCs 和 HCFCs[111]。超声波照射下 CFCs 和 HCFCs 降解的主要原因是超声波经过的地方会产生高温气穴空隙，CFCs 和 HCFCs 在高压下进入高温气穴空隙中发生水解。

1.2.3.5 化学试剂降解法

室温下用萘、吡啶或吡啶类化合物还原 CFCs 等化合物，可使之连续降解。酰替萘胺还原 CFCs 时，在 150℃ 下，向 THF 中加入 10% 的四乙烯醇二甲醚（ME4），还原剂为 1.5 倍当量时，脱氟率接近 100%。添加六亚甲苯四胺（HM-TA）也可有效地增加还原力。

在强碱试剂中分解 CFCs 仍处在探索阶段。日本涂料公司采用钠甲醇盐和氢氧化钾并用及异酞酸二甲酯和二甲基亚砜混合的反应溶质，可使入口的 CFC-113 浓度从 0.001mg/L 降低到出口的 5.0×10^{-5}mg/L，在各种乙醇溶剂中用放射线分解 CFC-113，若将乙醇溶剂转变为碱性，分解率相应增大，在碱性异丙基醇溶剂中 CFC-113 的分解率比中性条件下高 100 倍。

CFCs 与草酸钠在 270～290℃ 下，可反应生成钠的卤化物（NaF 和 NaCl）、碳和二氧化碳。文献还报道了 Eric M. Kennedy 等人直接用 CFC-12 与烃类反应的研究[112]。

使用化学试剂降解 CFCs 的缺点是处理规模小，还原剂成本高[113,114]。

1.2.3.6 催化加氢脱氯

加氢脱氯反应是在催化条件下氢解含氯有机物，把对环境有害的氯原子转化成无机酸。该法能够选择性地去除 CFCs 分子中对臭氧层有破坏作用的氯原子，把 CFCs 转化成对臭氧层没有破坏作用的氢氟烃（HFCs）。

C—F 键和 C—Cl 键键能差达 100kJ/mol 以上，使得 CFCs 的氢解反应有可能停留在选择性脱氯阶段，但需要对反应具有高选择性的催化剂参与。CFC-12 选择性加氢脱氯反应的主要产物为 CH_2F_2（HFC-32），次要产物为 $CHClF_2$ 和 CH_4，CH_2F_2 的选择性一般可达 80% 以上[115]。另外，还可能生成少量的副产物，如 CHF_3、CH_3Cl 以及偶联产物等[116,117]。CFC-12 的选择性加氢脱氯反应主要集中在对 CH_2F_2 具有高选择性的催化剂以及相关工艺。

加氢脱氯反应的催化剂以 Ni、Pd、Pt 和 Rh 等第Ⅷ族元素为主要活性物种。根据 A. Wiersrna 等[118,119]的结果，可以分成 4 种类型：Re 对 CFC-12 的加氢脱氯不起催化作用；Pd 能催化反应选择性生成 CH_2F_2；Ir 和 Ru 对 $CHClF_2$ 选择性较高；Pt 和 Rh 对 CH_2F_2 和 $CHClF_2$ 都均具有中等强度的选择性。Ni 基催化剂中体相 Ni 的催化活性最高[120,121]。在 Ni 基催化剂上，除了生成 CH_2F_2 和 $CHClF_2$ 之外，偶联产物如乙烯、四氟乙烯等也有生成。与 Pd 催化剂比较，Ni 在 523K 以下的催化活性较低。

第Ⅳ族金属的碳化物也能催化 CFCs 的加氢脱氯反应。用碳化钨作催化剂，

CFC-115 转化成 HFC-125 的选择性可达 90% 以上[122]。

为提高催化剂活性和稳定性，许多研究者开发了多元金属催化剂。例如，M. Bonarowska 等人[123]使用 Pd-Au/C 催化 CFC-12 转化为 HFC-32，选择性达 90%。M. Ichikawa 等人[124]发现，CFC-113 在 Pd-Bi 和 Pd-Ti 双金属催化剂上能高选择性（>80%）转化成一氯三氟乙烯和三氟乙烯，他们认为添加金属能有效抑制 Pd 的脱氟性能。在 Pd/C 催化剂中添加少量的 V，不仅能提高催化剂对 HFC-32 的选择性，同时还对提高 CFC-12 的转化率有一定的作用[125]。J. Krishna Murthy、M. Bonarowska 等人也做了相似的研究[126,127]。常用的修饰组分有 Fe、Re、Ag、Bi、Th、Au、Co、Zn 和 K 等[118]。

催化剂载体对加氢脱氯反应的选择性、活性和催化稳定性均有明显的影响。氧化物载体在含 HCl 和 HF 的强腐蚀性的条件下不太稳定，易失活。活性炭能够弥补氧化物载体的缺陷，但活性炭种类繁多，表面性质不一，难以把载体的某些性质与催化剂性能关联起来，不同研究者得出的结论也可能有所不同。M. Makkee、S. C. Shekhar 等人[128,129]研究发现以活性炭为载体的 Pd 催化剂上，加氢脱氯的产物主要为 CH_2F_2，同时发现活性炭载体的预处理对反应有非常大的影响。P. P. Kulkarni 等[130]用活性炭负载的 Pd 作催化剂时，得到的主要产物则为脂肪烃。W. Juszczyk 等人通过研究 Pd/Al_2O_3 上 CFC-12 的加氢脱氯反应[131]，认为 F*（F 原子在催化剂表面的活性吸附物种，下同）和 Cl* 能从 Pd 表面迁移到载体表面并在 Pd 附近与载体作用形成 Al 的卤化物物种，并改善 CH_2F_2 的选择性。A. V. Gopal 等人[132]还研究了催化剂前驱体制备方法对催化剂催化效果的影响。

加氢脱氯反应需要克服的主要问题是催化剂的失活。氟氯烃加氢脱氯催化剂仍需在催化活性、催化选择性和催化稳定性三方面展开深入研究。同时，得到的主要产物氢氟烃有很强的温室效应，仍是一种受限物质，这使得加氢脱氯法处理氟利昂的前景受到很大影响。

1.2.3.7 电化学降解法

电化学降解法破坏氯氟烃的技术目前研究主要集中于气体扩散电极（gas diffusion electrodes，GDEs）。日本 N. Sonoyama 等人利用这种电极分解 CFC-12，在反应条件、分解效率、经济效益等方面都具有明显优势[133]，特别是 Pb-GDEs 降解 CFC-12，其破坏率将近 100%，反应主产物是氯氟烃替代品 HFC-32，产率达到 92.6%。该方法将 CFCs 降解与利用有效结合，但目前仍处于实验室研究阶段。

1.2.3.8 超临界水降解法

作为一种高级氧化方法，超临界法也被用于 CFCs 的分解实验[134]。氟利昂性质稳定，但随某些条件变化其降解率会升高。纯水的蒸气压曲线终点便是水的临界点，此处汽液共存，超过临界点的温度、压力的状态的水被称为超临界水。利用超临界水的特殊性使 CFCs 降解的方法称为超临界水降解法。

Hagen 等人利用 573K、20~400MPa 的水降解 CFCs，日本菅田盂、佐藤真士也研究了用超临界水降解 CFCs[135]。日本国立化学实验所佐藤研究室超临界水液相降解法，将 1 份 CFC-11 和 CFC-113 的溶液与 10~20 份水混合后在 400℃ 和 30MPa 下进行降解反应，降解产物为 HCl 和 CO_2，以 CFC-11 作实验时两种卤化氢的获得率为 97%，产生的卤化氢用碱液吸收，以固体粉末的形式回收，降解率大于 95%。

超临界水降解法最大的特征是用大量超临界水作为反应介质，需要的压力高，装置成本高。利用此法降解 CFCs 也是一种潜在的实用技术。

在上述的 CFCs 无害化技术中，每种方法均有其特点及局限性。催化燃烧、催化分解法处理 CFCs 浓度一般低于 1%，催化剂氟化会导致 CFCs 副产物的生成，催化剂寿命和稳定性仍有待改善，催化降解技术总体上说目前尚停留在实验室研究阶段，离工业化要求还有相当的距离，许多问题有待进一步研究；水泥窑法的处理量受产品质量限制而不能实现大规模处理；化学法和高能射线法不安全且成本高；等离子体法、超临界水法对设备及过程控制要求严格，运行成本高。各种方法相关情况之比较见表 1-3。

表 1-3　CFCs 分解方法比较一览表

CFCs	分解方法类别及所包含的具体方法	CFCs	操作温度/℃	操作压力/Pa	反应物	优　点	缺　点
热分解法	燃烧法、水泥窑法	等离子体法	900~1500	常压	水+氟利昂	工艺、设备简单，容易操作，处理量大	温度高、能耗大、产物复杂
	诱导等离子体法（ICP 法）						
	热等离子体法		约10000	常压	氟利昂	设备可以实现小型化	运行成本高 CFCs 的解离率和产物成分随反应的气体环境不同而改变，较难控制
	电晕放电法						
	冷等离子体法		约40	低压	氟利昂	处理温度低	需要真空，运行成本高
	催化分解法		300~600	常压	水+氟利昂	温度较低	处理浓度低
	化学分解法		约 100~150	常压	萘基化合物/草酸钠/过氧化物/吡啶化合物+氟利昂	处理温度低	还原剂成本高，难以批量处理
	超临界水分解法		约400	3.04×10^7	水+氟利昂	产物易处理	需要高压，设备要求高，难以批量处理

1.3 燃烧法降解氟利昂现状

在 CFCs 的降解技术中，大部分距实用阶段都还有很长的路要走。燃烧法是最重要的处理废弃物的方法之一[136]。利用燃烧产生的特殊环境使 CFCs 降解的方法虽然存在能耗较高、产物复杂等不足，但综合投资、设备、过程控制等方面考虑，是最易实现工业化应用的技术。

在使用燃烧法降解氟利昂技术中，燃料的燃烧是一个重要而基础的问题。只有对燃料的燃烧特性有了深刻认识，才可能选择一种适于氟利昂降解的燃料。

所有研究结果已经证实：燃烧过程都是链反应[137~150]。链反应是最普遍的一种化学反应之一，它由一系列反应速率常数互不相同的串联的、平行的和可逆的反应步骤组成。在链反应过程中始终包含有自由原子或自由基（即存在有未配对电子的原子或原子团，它们是化学反应过程中活性最大的成分，在链反应中统称为链载体），只要链载体不消失，反应就一定能够进行下去。链载体的存在及其作用是链反应的特殊所在，链反应由以下三个基本步骤组成：

（1）链引发：由反应物分子生成最初链载体的过程。这是一个比较困难的过程，因为断裂分子中的化学键需要一定的能量。通常可以用加热、光照射、加入引发剂等方法使反应物形成自由基（包括自由原子，下同）。

（2）链传递：自由基与分子相互作用的交替过程。

（3）链终止：自由基与第三体碰撞而形成稳定的分子，或者两个自由基聚合成为稳定分子，则动力学链将中断，称为链终止。

链反应可以分成直链反应和支链反应两大类。直链反应在反应进行中链载体的数目始终没有增加，链传递过程呈直线状，燃烧过程中的大部分反应均属直链反应；而对于支链反应，其基元反应产生的链载体的数目比消失的数目多，链传递过程呈枝叉发射状，正因为支链反应的存在，才会发生诸如爆炸之类的现象，Turfinyi 基于敏感性分析得到燃烧反应中最重要的支链反应为 $H + O_2 \longrightarrow OH + O$，该反应是影响整个系统反应速率的关键基元反应[151]。

气体燃料燃烧具有简易、清洁、易于控制和调节等优点，因此，在燃烧处理难燃化合物过程中常用的燃料是气体燃料，例如天然气（Natural Gas，NG）、液化石油气（Liquefied Petroleum Gas，LPG）、煤气、氢气等。本书选择气体燃料为研究对象。

1.3.1 气体燃料燃烧方式与火焰的稳定

火焰传播是气体燃料燃烧最重要的特性之一，对燃烧的稳定性有很大的影响。根据燃料在燃烧时与空气混合的情况，可将气体燃料的燃烧分为预混合燃烧和扩散燃烧；根据可燃气体的流动状态来分，又可将燃烧方式分为层流燃烧和湍流燃烧。它们分别对应相应的火焰传播方式。

1.3.1.1 层流火焰传播

当可燃混合物处于静止状态或层流运动状态时,可燃混合气体着火部分向未燃部分导热和扩散活性离子,火焰锋面不断向未燃部分推进,使其完成着火过程称为层流火焰传播。

火焰传播是十分复杂的过程,其理论主要来自苏联的 CEMEHOB 学派,他们认为层流火焰传播主要是由于热量的扩散作用,而活性离子的扩散作用是可以忽略的。层流火焰传播是火焰传播理论的基础,也是可燃混合气体的基本物性。

火焰传播速度 u_0 是可燃气体的一种故有特性,由混合气体的物化性质决定,它与可燃混合物的组分、性质、温度及浓度有关,而与火焰的外形、燃烧器的尺寸和气流速度无关。混合气体的火焰传播速度和导热系数、密度等性质有密切关系,导热系数越大,则火焰传播速度越大。例如氢气的导热系数很大(0.216W/(m·K)),其最大火焰传播速度(标态)可达 2.80m/s,而甲烷的导热系数很小(0.030W/(m·K)),其最大火焰传播速度(标态)仅有 0.38m/s;可燃混合物的最大火焰传播速度出现在过剩空气系数 $\alpha = 1$ 时;可燃混合物的各种冲淡剂、添加剂对火焰传播速度产生影响。

1.3.1.2 湍流火焰传播

在火焰传播中可燃混合气体处于湍流状态时,称为湍流火焰传播。与层流火焰传播不同,速度是由混合气体的物化性质决定的,而湍流火焰传播不仅与可燃气体的物化性质有关,还和混合气体的湍动程度有关。实验表明,湍流脉动速度 u'、层流火焰传播速度 u_0 及燃气浓度是影响湍流火焰传播速度 u 的主要因素。混合气体中燃料的浓度对湍流火焰传播速度的影响和层流火焰基本相同,u 的最大值也是在接近化学计量比时出现的,但与层流火焰相比,湍流火焰传播速度的大小与混合气体中燃气的浓度关系较小。

雷诺数 Re 是表征气流湍动强度或脉动速度的相关物理量。一般情况下,当 $Re < 2300$ 时,混合气体处于层流状态,火焰传播速度与 Re 无关;当 $2300 < Re < 6000$ 时,混合气体处于由层流向湍流过渡的阶段,火焰传播速度和 $Re^{1/2}$ 成正比;当 $Re > 6000$ 时,混合气体处于湍流状态,火焰传播速度与 Re 成正比。

为了保持可燃气体的层流状态,必须降低气体流速或增大管径。层流情况下,火焰面很薄,而湍流火焰的焰面会变得很厚,称之为焰刷(flame brush)[152]。一般认为燃烧的主反应区就位于火焰面区域,因此,湍流火焰的反应区比层流火焰大得多。湍流过程十分复杂,它的出现不仅影响流场的特性、传质过程,还影响燃烧速度。实验证明湍流燃烧速度比层流燃烧速度大得多[153],其主要原因是湍流加速了热量和活性粒子等中间产物的传输,缩短了扩散时间;湍动还使火焰变形,火焰表面积增加,增大了燃烧反应区,因而加快了火焰传播速度，提高了燃烧速率，使燃烧得到强化。

1.3.1.3 预混合燃烧和扩散燃烧

预混合燃烧是在燃烧前将燃料与空气按一定比例预先混合成均匀的可燃混合气，然后通过燃烧器喷嘴喷出进行燃烧。根据燃料与空气的混合比例又可将之分为全预混燃烧和部分预混燃烧，全预混燃烧加入的空气量超过了化学计量比而部分预混燃烧加入的空气量小于化学计量比。全预混燃烧因在燃烧时燃料与空气不需再进行混合，所以可燃混合气到达燃烧区后就能在瞬间内燃烧完毕，火焰很短甚至看不见，故又称无焰燃烧。全预混燃烧的快慢完全取决于其中化学反应的进行速度，因此全预混可燃气的火焰传播能力很强，致使其火焰稳定性差，容易回火。

扩散燃烧是在燃烧前燃料和空气没有混合，两者在接触界面上边混合边燃烧，此时燃烧过程的快慢主要取决于燃料与空气两者扩散和混合的速度[154,155]。扩散燃烧在燃烧时火焰较长且具有清晰的轮廓，可直接观察到火焰，故又叫有焰燃烧。

预混合燃烧的速度较扩散燃烧快得多，且能在较少的过量空气下达到完全燃烧，所以燃烧温度较高。碳氢化合物的扩散燃烧比较容易产生碳烟，这对燃烧来说是不利的。当置于大气中的喷嘴喷出的燃料气体燃烧时，若流动速度在层流范围内，则形成分子扩散火焰，火焰的长度随雷诺数增加，但是在湍流范围内，则形成湍流扩散火焰，火焰的长度与气体的喷出速度无关，大致保持一定。

燃气全预混合部分预混燃烧[156,157]的火焰结构有所不同，全预混火焰只有一个燃烧面，而部分预混火焰有内焰和外焰两个焰面。但部分预混火焰和全预混火焰都有一浅蓝色的燃烧层，成为蓝色锥体。在蓝色锥体表面，混合气流的法向分速度等于法向火焰传播速度，故火焰能在此截面上稳定。另一方面，该点还有一个气流切相分速度，使此截面上的点向上移动，因此，在火焰面上不断存在着下面质点对上面质点的点火。沿管道截面上，气体的速度按抛物线分布，喷口中心气流速度最大，靠近壁面处气流速度逐渐减小，至管壁处将为零。而在火焰根部，火焰传播速度因管壁散热也减小了，正常情况下火焰并不会传到燃烧器火孔内。

1.3.1.4 火焰稳定条件及提高预混火焰稳定性的措施

火焰稳定是有条件的，火焰传播速度和气流出口速度的大小决定了火焰是否稳定。如果混合气流的速度不断增大，由于气流法向分速度等于法向火焰传播速度的平衡点，更靠近管口，火焰将脱离燃烧器出口，在一定距离以外燃烧，形成推举火焰（或称"离焰"）。若气流速度再增大，火焰将被吹熄，称为脱火。如果混合气流速度不断减小，预混气体燃烧时形成的蓝色锥体会越来越低，最终由于气流速度小于火焰传播速度，火焰将缩进燃烧器，称为回火。

在燃烧过程中，出现脱火和回火都是不允许的。回火有安全危险，而火焰推举会引起未燃气体逃逸，形成不完全燃烧[158]，甚至导致吹熄。只有在预混合燃烧中才可能出现回火，脱火则在预混合燃烧和扩散燃烧时都可能出现。在燃烧器设计过程中要尽量避免这两种状况的产生。为了防止回火和火焰推举，层流预混火焰在工业上的使用受到限制。

对于特定组成的燃气-空气混合物来说，在燃烧时存在火焰稳定的上限，称为脱火极限，气流速度达此上限值便产生脱火现象；而气流的流速减少到一定值便产生回火现象，该极限值称为回火极限。只有当混合气流的速度在脱火极限和回火极限之间时，火焰才能稳定。混合物组成对脱火和回火极限影响很大。随着一次空气的增加，混合物燃烧的脱火极限逐渐减小。燃烧器出口直径大，气流向周围散热少，火焰传播速度越快，则脱火极限速度越快。回火极限速度随混合物组成变化的情况与火焰传播速度曲线类似，即当一次空气系数 $\alpha = 1$ 时，回火极限速度达到最大值。当管子直径小到一定值时，由于壁面散热大于燃烧产生的热量，火焰将不能传播，这时的管径称为临界直径。当燃烧孔直径小于临界直径时，不会发生回火现象。

提高预混火焰的稳定性，扩大燃烧稳定范围，就要使火焰增大脱火极限流速和减小回火极限流速。如果从改变混合气体流速方面着手，可用流体动力学进行稳焰；如果从改变火焰传播速度着手，可以用热力学或化学方法进行稳焰。

为了防止脱火，常采用的方法是在燃烧器的出口处设置点火源、烟气回流根部、用钝体稳焰及用旋转射流稳焰等。为了防止回火，必须使可燃混合气体流出燃烧器的速度场均匀，以保证在最低负荷下火孔截面上各点的气流速度都不小于该点的火焰传播速度。常采用口径较小的喷管或水冷燃烧器喷头，将增大火焰的散热量，降低火焰传播速度，有利于防止回火。而陶瓷板或金属网红外辐射器，是利用其火孔直径小于临界直径来避免回火的。

1.3.2 国内外燃烧降解氟利昂的研究现状

通常情况下，CFCs 不会燃烧，但加入燃料后，情况便大不相同[160]。日本国立化学实验所 Kondo 研究室开发了 CFCs 与甲烷和氧的混合燃烧技术，日本的德桥和明也研究了类似的技术，他们认为燃烧法最需要注意的问题有维持燃烧高温、适宜高温区停留时间及未燃气体与空气充分混合等[161]。

由于经济发达国家在 1997 年已禁止 CFC-12 等氟利昂物质的生产与消费，与其他研究降解 CFCs 的技术一样，燃烧降解氟利昂的相应研究及报道也主要集中在 20 世纪末。其中比较有代表性的是美国代顿大学的 John L. Graham 等人以及日本丰桥技术科学大学的南亘等人的研究。

John L. Graham 等人考察了氧浓度对甲苯、氯苯、四氯化碳、CFC-113（三氯三氟乙烷）和三氯乙烯混合物热稳定性的影响以及对反应产物的形成[162]。该研究以气相色谱、质谱为分析手段，并分别以氧过量、化学计量比、缺氧为实验条件。实验结果表明：组成混合物的 5 种成分中，除 CFC-113、四氯化碳外，其他成分的稳定性随氧浓度的降低而增加；除 CFC-113 外，其他每一种组分在混合物中的稳定性均较纯化合物低；在氧化条件下 CFC-113 的热稳定性最高，且基本不受反应条件的影响，其降解率为 99% 时的温度为 770～780℃。热降解产物则从简单的脂肪族氯代烃到复杂的多环芳烃发展，产物的数量及复杂性随氧浓度的降低而增加，混合物在 750℃ 无氧热解时形成的产物最多，检测到 150 余种，1000℃ 时，氯苯是唯一能够检测到的混合物的初始组成物质；在有氧条件下，产物数量的峰值形成温度降低，氧在化学计量比和过量条件下，该温度分别为 700℃ 和 650℃。结果最引人注目的是 CFC-113，它在整个实验中，不管作为混合物的成分之一还是纯化合物，其热解行为没有什么明显变化。实验中观察到的热降解行为与理论预测一致。Graham 认为 CFC-113 和四氯化碳的热降解反应机理是与 C—Cl 键断裂有关的单分子反应，而甲苯、氯苯、三氯乙烯的降解机理则是与 OH、O 或 H 有关的缺电子自由基的亲电进攻相关的双分子反应。当纯四氯化碳裂解时，其降解温度比在混合物中高约 70℃，这一行为表示混合物中双分子反应机理为四氯化碳提供了一个能量较低的降解通道。反应产物的复杂性反映出产物的形成机理，即产物来自母体化合物降解时形成的自由基碎片的重新结合。苯、苯甲醛在产物中都被检出，苯是能够检测到的主要热降解产物之一，苯甲醛和氯酚是含氧条件下的主要产物。在一些情况下还检测到乙苯、氟苯、多环芳烃等。

南亘等人[163]以 LPG 为燃料，使用扩散燃烧、部分预混燃烧和全预混燃烧三种燃烧方式对 CFC-12 的燃烧降解进行了比较系统的研究。为了提高 CFC-12 分解率，他们使用灯丝作为火焰稳定的辅助手段，装置示意图见图 1-4。实验结果表明：CFC-12 分解率随灯丝电源的功率增加呈线性增加，同时火焰也得到稳定。在所有燃烧方法中空气过量系数均影响 CFC-12 的分解率。当空气加入量符合化学计量比、灯丝功率为 100W 时，要达到 99.9% 的 CFC-12 分解率，扩散燃烧法的最大 CFC/LPG 比值（物质的量之比）

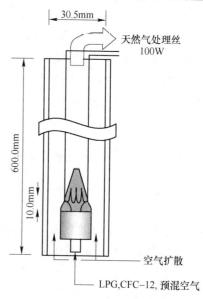

图 1-4 灯丝辅助燃烧降解
CFC-12 装置示意图[163]

为 0.7，预混燃烧法和部分预混燃烧法的最大 CFC/LPG 比值（物质的量之比）分别为 1.7 和 1.6，其实验结果见图 1-5 和图 1-6。预混燃烧法的效率明显高于扩散燃烧法。

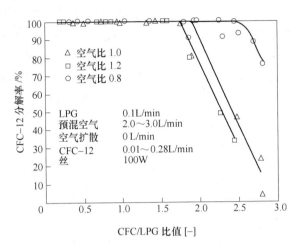

图 1-5　全预混条件下的 CFC-12 降解[163]

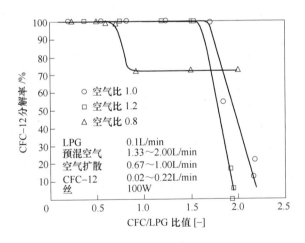

图 1-6　部分预混条件下的 CFC-12 降解[163]

　　对燃烧的长期研究已证实：烃类的燃烧过程伴有基态和激发态的自由基、原子、电子及离子出现，是一个有分支的自由基链反应过程，可将它的燃烧区视为一个"自由基池"，CFC-12 在这样的"自由基池"中反应活性很高，反应速度快，主要产物单一且稳定。因此，CFC-12 在烃类燃烧场中的反应机理应为自由基反应。

　　在燃烧设备方面，燃烧器显然是研究的核心，其结构随应用环境不同而有巨大差异。诸如电站燃煤锅炉、飞机汽车的发动机等能源产生系统、交通工具中广泛存在的燃烧都以预混湍流燃烧器的形式出现，其结构复杂而分类繁多[164~171]；而在常见的燃烧合成细微粉体设备中，存在有并流扩散火焰反应器[172]、对流扩散火焰反应器、预混合平板火焰反应器[173]等几大类。经过多年的发展，燃气燃烧器结构趋于复杂，在一定程度上改善了火焰燃烧状态，改善了反应区的温度场和浓度场分布。但由于核心技术的严格保密，对降解氟利昂之类的专用燃烧设备的研究报道甚少，国内也没有发现制造商在生产类似的设备。

2 CFC-12 分解热力学及燃料筛选

一般认为燃烧过程中化学反应速率很高，燃烧产物可以达到化学平衡状态，对于燃烧化学反应过程而言，当反应体系达到化学平衡时，平衡组分的形式及其存在状态决定了实际燃烧过程中可能生成的产物和存在的状态[192]。用热力学的方法、用平衡状态来研究燃烧体系的性质已被广泛应用于航空、航天、工业燃烧及环境保护等领域[193~200]。近年来，X. Li，Zhaoping Zhong 等人把该方法应用到煤的气化过程研究中[201,202]，也被闻瑞梅等人用来研究电子工业的废气治理[203~205]。由此可见，对燃烧体系进行热力学分析具有重要指导意义。

燃烧法处理 CFC-12 是一种特殊条件下的化学反应。对这种体系进行热力学分析是研究 CFC-12 燃烧分解的基础，特别是对于缺乏相关反应动力学数据现状的情况，热力学平衡计算是研究 CFC-12 燃烧分解过程中产物生成和转化的有效手段。计算的主要任务是求出各种条件下的平衡产物分布。求出了平衡组成，则反应的限度问题就解决了，就可以知道反应的极限转化率在一定条件下是多少，它又怎样随条件而变化，在什么条件下可以得到更大的转化率，这将为实际应用提供依据。同时，热力学平衡的计算还可以为反应机理的确定提供有用信息。

本章将热力学计算分为两大部分。第一部分研究 CFC-12/H_2O 体系与 CO、H_2、CH_4 及液化石油气（Liquefied Petroleum Gas，LPG）四种燃料燃烧体系耦合后的产物生成规律，并在此基础上结合其他热力学特性进行燃料的初步筛选；第二部分研究在初步筛选出来的燃料体系中 CFC-12 分解后的主要成分分布，以及燃烧是否完全、温度、压力等因素对 F、Cl 元素分布规律的影响。

本章的热力学平衡计算是利用世界著名的综合性集成热力学计算商业软件 FactSage 6.1 实现的。该软件可对不同状态下体系热力学函数、热力学平衡态相图、复杂体系多元多相平衡等进行评估和模拟计算[206~208]，已广泛用于能源、冶金等重要领域[209~214]。

一般来说，$2.02 \times 10^6 Pa$(20atm)以下的 C、H、O、N 系统，火焰最高温度约为 2500K，750~370K 是净化系统的运行温度，400~300K 是烟气排放温度[215]，因此本章选择 300~2500K 作为研究的温度范围。平衡成分考虑的物种来源于数据库 Fact53 中的几百种纯物质，其中不仅包括 CO_2、H_2O(g、l)、HCl、HF、CO、H_2、Cl_2、$COCl_2$、CFC-13（CF_3Cl），游离 C(s) 等成分，还包括 OH、Cl、H、ClO、HCO、O、F、CH_2 等自由基。

2.1 热力学模型

在化学热力学模拟计算中, 平衡常数法和 Gibbs 函数最小化法 (即怀特 (WHITE) 法) 是两种处理化学平衡的重要方法[216], 也是计算确定燃烧产物成分的基本方法。最早用来计算化学反应平衡的是平衡常数法, 起初主要用于单个化学反应的平衡计算, 以后逐步发展成为多平行竞争反应的联合求解。其优点是比较直观, 易于掌握。但是, 对于复杂的反应体系而言, 详细的机理反应方程式的确定本身就是一件非常不容易的事情, 同时还需要各个平衡方程的平衡常数, 使得工作量过大。因此, 复杂体系的平衡计算很少使用平衡常数法。最小 Gibbs 函数法是 White 等人首先使用的[217], 该方法以体系在等温等压条件下达到平衡时体系的 Gibbs 函数最小作为判据, 是求解热力学平衡态的常用方法之一。其优点是通用性强, 较适合于多相多组分等复杂体系。

本章所用的 FactSage6.1 软件的平衡计算即是基于系统 Gibbs 函数最小化原理进行的, 该方法的基本原理[217,218]介绍如下:

对于由 k 种物质组成的气相多组分体系, 在一定温度 T 和压力 p 下体系总的 Gibbs 函数可以用式 (2-1) 表示:

$$G = \sum_{i=1}^{k} n_i \mu_i \qquad (2\text{-}1)$$

式中, n_i 是物质 $i(i = 1, 2, 3, \cdots, k,$ 共 k 种物质) 的物质的量; μ_i 是该物质的化学势。

对于封闭体系, 则其 Gibbs 函数最小化受各种元素的原子数守恒及非负条件限制:

$$\sum_{i=1}^{k} a_{ji} n_i - b_j = 0; n_i \geq 0 \qquad (2\text{-}2)$$

式中, a_{ji} 为 i 物质化学式中第 j 种元素的原子个数; b_j 是整个体系中第 j 种元素的总原子摩尔数。

此时, 系统 Gibbs 函数是物质的量 n_i 的函数, 达到化学平衡时, 系统的 Gibbs 函数最小。所以, 求解平衡组成就是求解 Gibbs 函数达到极 (小) 值时的 n_i 值。求解该非线性问题常用的方法有 RAND 算法、NASA 算法、Powell's 算法及二次规划算法等。其中以 RAND 算法最为常用, 该方法采用拉格朗日不定乘数法求解目标函数 (2-1) 的条件极值。对每种元素引入待定因子 λ_i, 即可构造出目标函数 (2-1) 在元素守恒 (2-2) 条件下的拉格朗日函数:

$$F = G(n_i) + \sum_{j=1}^{l} \lambda_j \left(\sum_{i=1}^{k} a_{ji} n_i - b_j \right) \qquad (2\text{-}3)$$

式中, l 为体系中元素的种类。

将拉格朗日函数对 n_i 和 λ_j 分别求导，在导数为零的条件下，F 与 G 均达到极小值。对式（2-3）求导后可得到 $k+1$ 个方程，其数目与未知数个数之和（n_i $+\lambda_j$）相等，于是方程有定解。

2.2 CFC-12 燃烧平衡组成及燃料筛选

本章的热力学平衡讨论一般仅针对平衡组成中物质的量在 10^{-6} mol 数量级以上的组分，在此量以下的组分予以忽略，其中，物质的量在 10^{-1} mol 级及其以上者称为高浓度组分或主要产物，在 10^{-1} mol 级以下者称为低浓度组分或次要产物。气相产物的浓度，如果没有特别说明，即指计算所得的物质的量的分数。

2.2.1 CFC-12 及其加水后的高温裂解

首先，来研究一下纯 CFC-12 在高温下的裂解行为。图 2-1 是 1mol CFC-12 在 101325Pa、300 ~ 2500K 范围内的平衡组分组成变化情况。

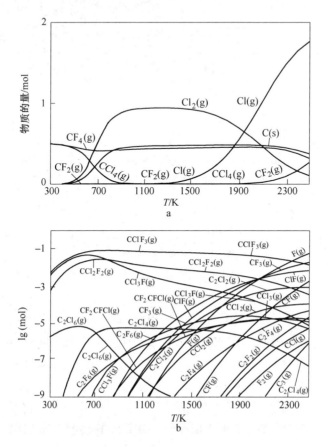

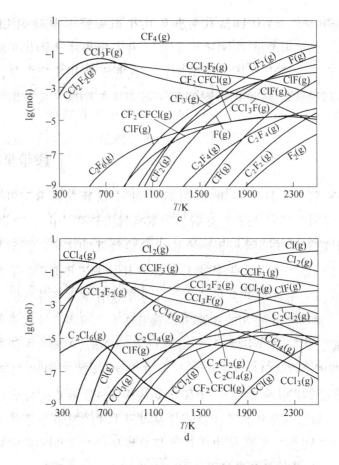

图 2-1 CFC-12 裂解平衡组成与温度的关系 (1mol CFC-12, 101325Pa)

a—高浓度组分; b—低浓度组分; c—F 的分布; d—Cl 的分布

由图 2-1 可以看出, CFC-12 的裂解产物对温度非常敏感。室温下, 热力学稳定产物主要是 CF_4、CCl_4; 在 1000K 时, 平衡组成中以 Cl_2、CF_4、CCl_4、$C(s)$ 为主, 从 1200K 开始, Cl_2 逐渐裂解为原子态氯, 或称之为氯原子自由基, 约 1950K 以后, 其量超过 Cl_2, 成为体系中含量最大的组分; 从 1700K 开始, 逐渐有二氟卡宾 CF_2 产生。主要产物大致以 1400K 为界, 此前平衡产物以 Cl_2、CF_4、CCl_4、$C(s)$ 为主, 温度升高, Cl_2 的量增加很快, 而 CF_4、CCl_4 的量减少, 以 CCl_4 的量下降显著; 在 1400K 以上, 平衡产物以 Cl_2、Cl、$C(s)$、CF_4、CF_2 为主, 温度升高, Cl_2 的量下降显著, Cl 的量增加很快, 在高温区 CF_2 的量随温度升高有显著增多, 而 CF_4 的量减少。低浓度组分分布提示: 低浓度平衡产物仍以 CFCs 类物质为主, 整个考察温度范围内, $CClF_3$ 的量均明显高于 CCl_2F_2 的量, 两者相差约一个数量级, 说明 $CClF_3$ (CFC-13) 的稳定性高于 CFC-12。CFC-11

（CCl_3F）稳定性在300～850K范围内介于CFC-12和CFC-13之间，温度高于850K后，其稳定性下降，2500K时，其摩尔分数仅为10^{-6}级。其他低浓度成分还有C_2Cl_2、C_2Cl_4、CF_3、ClF、F、CF等，自由基类物质的量均随温度升高而增加，与此不同的是C_2Cl_6、C_2Cl_4等物质有一个分布最大值。在平衡产物中没有见到$CClF_2$，这说明CFC-12在脱了一个氯原子后，另一个氯也极易脱除，2500K以下$CClF_2$几乎没有稳定存在的可能性。在此，可以得到这样的结论：CFC-12的热力学稳定性并不高，在一定条件下可以发生裂解。CFC-12中，C—Cl键比较脆弱，C—F键比较牢固，其裂解首先从脱氯开始，温度对裂解后平衡产物的分布影响很大。平衡产物中氯元素的分布特征是1400K以下以Cl_2为主，Cl量很小，1950K以上以Cl为主。F元素的分布以CF_4为主，1900K后，CF_2的量也占有比较明显的优势，2500K时，CF_4、CF_2同时成为F的主要存在形式。

其次，来看看CFC-12加水以后的情况。图2-2是1molCFC-12和2molH_2O的混合物（以下称"CFC-12 + H_2O体系"）在101325Pa、300～2500K范围内的平衡组分组成变化情况。

与纯CFC-12相比，本体系导入了H、O两种元素，平衡产物也发生了极大变化。由计算结果可以看出：由于有了氢源和氧源，热力学稳定产物变成了HF、HCl和CO_2，它们是这个平衡体系中的主要物种，在室温到1500K的温度范围内，HCl、CO_2的量几乎不随温度变化，1500K以上，HCl和CO_2都发生了离解，温度越高，离解程度越大，随着HCl和CO_2量的下降，体系中H_2O、CO、Cl、Cl_2、H_2等的量增幅很多。HF的量在整个温度考察区间上几乎不变，但其分布却有一个明显特征，就是其多分子聚合体的存在，这在低温区特别明显，其缔合的分子数在2～7个之间，其中以两分子缔合体最稳定，量也最大，室温时，约有13%的HF是以多分子聚合体的形态存在的，而到了500K时，这一比例还达不到0.1%，究其原因，可能是因为F元素电负性很大，易于形成氢键的缘故，但是氢键随温度升高会受到严重削弱，使大量多分子聚合体$(HF)_n$解散。与纯CFC-12体系相比，本体系平衡产物中已经完全没有了CFC-11、CFC-13等CFCs类物质，说明CFC-12理论上已达到100%的分解率，CF_4、CCl_4、CF_2也已不在考察视野内。经计算，1000K时HF、HCl、CO_2三个物种占产物的99.973%，除此之外，只有H_2O、CO、Cl_2、Cl的物质的量的比例在10^{-6}数量级以上，其中占比最大的H_2O也仅为8.72×10^{-5}；1800K时，三个主要产物的比例下降到97.171%，CO、H_2及Cl、OH、F、H、O等自由基浓度得到很大提升，其中，Cl自由基是次要产物中量最大的物种，其摩尔分数达到1.2×10^{-2}水平，远超过了1000K时H_2O的浓度，OH自由基浓度与1000K时H_2O的浓度处于同一数量级；2500K时HF、HCl、CO_2三个物种占产物的比例下降到79.242%，CO、H_2、

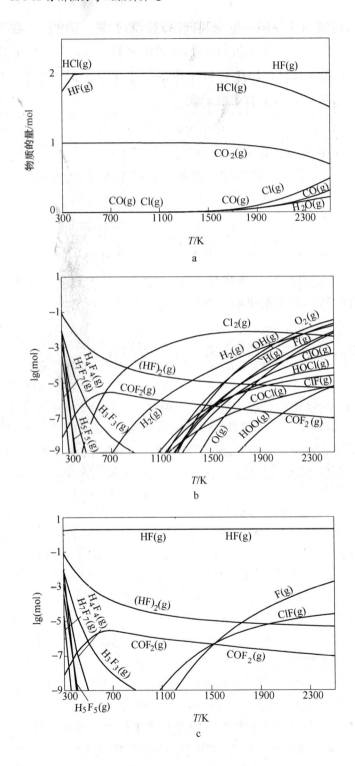

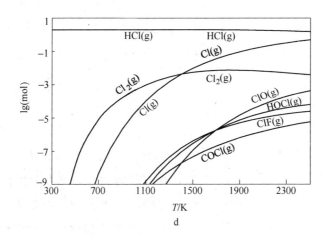

图 2-2　CFC-12 与 H$_2$O 的摩尔比为 1∶2 时平衡组成与温度的关系（101325Pa）

a—高浓度组分；b—低浓度组分；c—F 的分布；d—Cl 的分布

Cl、OH 等物种的量增加得更加明显，Cl 自由基摩尔分数达到 9.1×10^{-2}，占产物总量的近 10%，CO、OH 自由基的摩尔分数分别为 5.81×10^{-2}、3.9×10^{-3}。次要产物中还出现了一个新物种氟光气（COF$_2$），其最大值出现在 700K，量为 2.82×10^{-6}mol，摩尔分数 5.64×10^{-7}。因此，高温下 Cl、OH 等自由基成为体系的重要组分。从平衡产物来看，很高的温度并不是分解 CFC-12 所必须的，换句话说，CFC-12 的分解并非是温度越高越好，相对的低温可能更有利于 HF、HCl 和 CO$_2$ 的选择性形成。

　　一般说来，压力和原料组成是影响体系平衡的重要因素，CFC-12 + H$_2$O 体系平衡组成随压力和不同原料组成变化的情况分别如图 2-3 和图 2-4 所示。

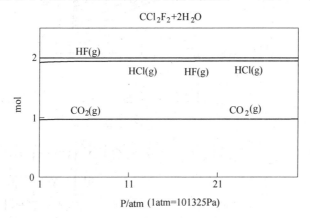

图 2-3　CFC-12 与 H$_2$O 的摩尔比为 1∶2 时主要平衡组成与压力的关系（1800K）

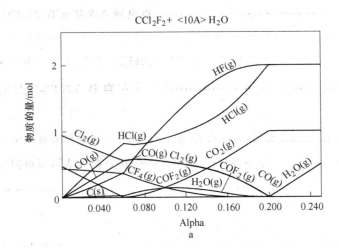

a

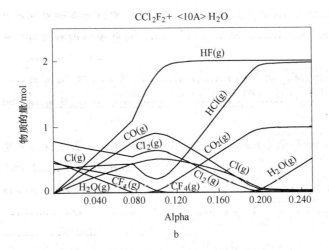

b

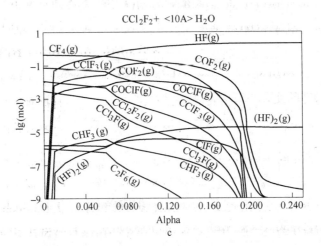

c

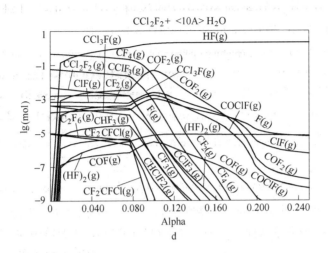

图 2-4　平衡组成随 H_2O 含量的变化（1molCFC-12）

（101325Pa，H_2O 量 0 ~ 2.5mol 图中横坐标的 10 倍即为 H_2O 量）

a—1200K 时主产物；b—1800K 时主产物；

c—1200K 时 F 分布；d—1800K 时 F 分布

由图 2-3 看，在 $1.01 \times 10^6 \sim 3.04 \times 10^6$（1 ~ 30atm）计算范围内，CFC-12 + H_2O 体系的主要平衡组成不随压力而变化，也就是说，压力对 CFC-12 与 H_2O 的反应没有实质影响。

水的存在对平衡组成影响很大，水加入量在达到 CFC-12：H_2O = 1：2 的化学计量比之后，平衡组成非常稳定，在此之前，平衡组成变化比较复杂，且与温度有很大关系。从 F 的分布图上看，在 CFC-12：H_2O = 1：2 的附近，除 HF 外，所有物种的量均大幅下降，除 COF_2、COFCl、ClF 等少数物种外，其余物种的量都降到了 10^{-9} mol 数量级以下，Cl 的分布规律与 F 相似。计算结果显示：在加入水量很少的情况下，会有约 10% 的 CCl_2F_2 转化为 $CClF_3$，且温度较低时更有利于其转化，较低温度下（1200K），明显有 COF_2 生成；在较高温度下（1800K），COF_2 的浓度低得多，而 CO 和 Cl_2 的平衡浓度要大得多，Cl_2 的平衡浓度随温度的变化趋势与纯 CFC-12 裂解时的情况类似。由计算结果还可知道：除较低温度和缺水严重的情况外，F 与 H 的结合能力远大于 Cl 与 H 的结合能力。

由以上计算可知：CFC-12 加水分解后的高浓度产物是 CO_2、HF、HCl，这几种产物在热力学上都是比较稳定的；若要 CFC-12 分解彻底，必须保证有足量水的存在，否则不但不利于 CFC-12 的分解，而且也不利于产物的控制。

在此，将反应式（2-4）定义为目标反应。

$$CCl_2F_2 + 2H_2O \longrightarrow CO_2 + 2HCl + 2HF + \Delta H \tag{2-4}$$

2.2.2   CFC-12 在几种气体燃料氛围中的平衡组成分析

可供选择的气体燃料有煤气、天然气（NG）、液化石油气（LPG）及氢气。煤气的代表成分是一氧化碳；天然气的代表成分是甲烷；液化石油气的主要成分是含 3～4 个碳原子的烷烃和烯烃。本节将以 CO、H_2、CH_4、LPG（以实验用的 LPG 简化成分计算：C_3H_6 占 1.7%、C_3H_8 占 14.1%、C_4H_8 占 59.2%、C_4H_{10} 占 25.0%）为对象，分别讨论（CFC-12 + H_2O）体系在不同燃料中的平衡组分分布随温度变化的情况，并分别称之为 CO 体系、H_2 体系、CH_4 体系和 LPG 体系。各组的输入物种及量的比例主要考虑：燃料/CFC-12 = 1/1、CFC-12/H_2O = 1/2、空气量按燃料燃烧需要的理论空气量计，详见表 2-1。

表 2-1   各体系的初始成分

名 称	初 始 组 成
CO 体系	$CO + 0.5O_2 + 1.88N_2 + CCl_2F_2 + 2H_2O$
H_2 体系	$H_2 + 0.5O_2 + 1.88N_2 + CCl_2F_2 + 2H_2O$
CH_4 体系	$CH_4 + 2O_2 + 7.52N_2 + CCl_2F_2 + 2H_2O$
LPG 体系	$0.141C_3H_8 + 0.017C_3H_6 + 0.25C_4H_{10} + 0.592C_4H_8 +$ $5.9585O_2 + 35.916N_2 + CCl_2F_2 + 2H_2O$

计算结果见图 2-5。

由计算结果看，由于体系的元素构成相同，各体系的主要平衡产物亦相同，均为 HF、HCl、CO_2，H_2 体系中还含有水，LPG 体系的平衡产物中 CO_2 的量明

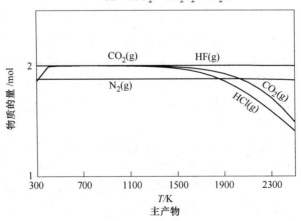

$CO + 0.5O_2 + CCl_2F_2 + 2H_2O+$

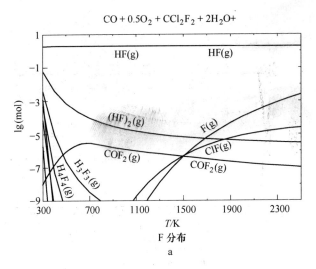

F 分布

a

$H_2 + 0.5O_2 + CCl_2F_2 + 2H_2O +$

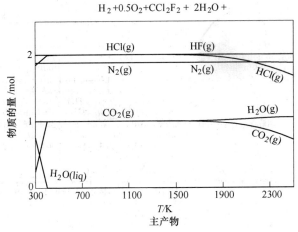

主产物

$H_2 + 0.5O_2 + CCl_2F_2 + 2H_2O +$

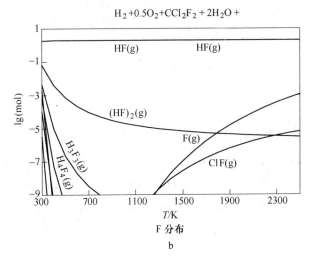

F 分布

b

$CH_4 + 2O_2 + CCl_2F_2 + 2H_2O +$

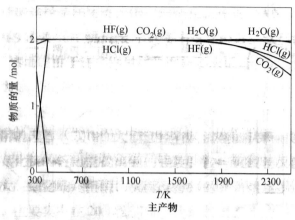

主产物

$CH_4 + 2O_2 + CCl_2F_2 + 2H_2O +$

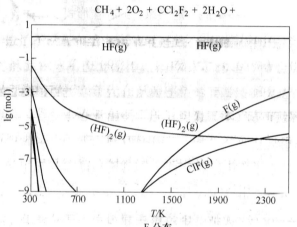

F 分布

c

$0.141 C_3H_8 + 0.017 C_3H_6 + 0.25 C_4H_{10} + 0.592C_4H_8 +$

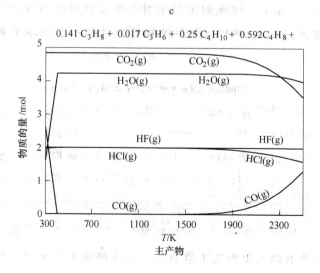

主产物

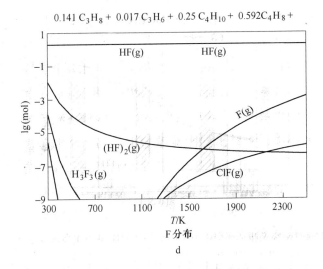

图 2-5　（CFC-12 + H₂O）体系在不同燃料中的平衡组分随温度变化

a—CO 体系；b—H₂ 体系；c—CH₄ 体系；d—LPG 体系

显高于其他体系，这是由于燃料分子结构不同导致的。比较特殊的是：在考察范围内，CO 体系 F 分布中有物种 COF_2，而其他体系没有。各体系平衡产物中的氯分布也很相似。

2.2.3　燃料的初步选择

　　燃料的选择主要考虑以下因素：CFC-12 在各种燃料燃烧场中分解的平衡组成分布、CFC-12 分解的温度效应、反应推动力及反应完全程度等。

　　首先必须考察各体系的平衡组成。

　　根据 2.2.2 小节的分析可知，每个平衡体系的主要组分与 CFC-12 + H₂O 的平衡组成一样，都是 HF、HCl、CO_2，也即在几个气体燃料的氛围中，CFC-12 分解的主要产物并没有什么不同，但从产物分布来看却有一定差异，这可以从体系中几种主要自由基的分布变化（见图 2-6）进行考察。

　　主要自由基的量在不同燃料环境中不同，氢原子自由基和氧原子自由基的分布顺序与羟基自由基相似，在 LPG 燃烧场中最高，在 CO 燃烧场中最低，相同温度下两者相差约两个数量级；氟原子自由基与氯原子自由基分布顺序一致，在 CO 燃烧场中最高，在 H₂ 燃烧场中最低。在燃烧场中，这些自由基的浓度对燃烧状况有显著影响。此外，在考察范围内，CO 体系 F 分布中有物种 COF_2，而其他体系没有，从此意义上来说，CO 不适宜作为 CFC-12 处理的燃料，否则可能面临尾气处理方面的更多困难。

　　从以上分析不难看出，LPG 作为燃料更具燃烧稳定方面的优势。

　　其次，由反应体系的反应推动力和反应进行的程度来进行燃料选择。

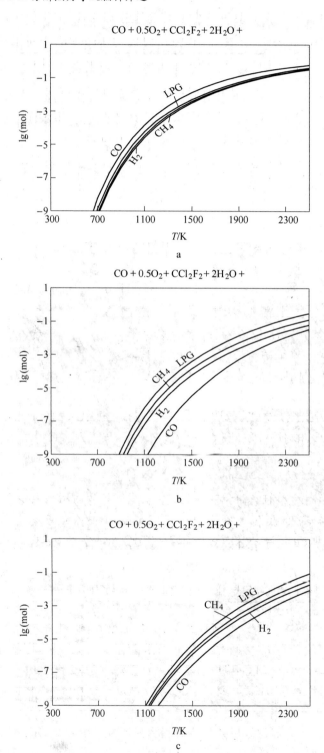

a

b

c

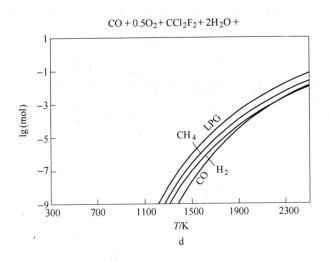

$CO + 0.5O_2 + CCl_2F_2 + 2H_2O +$

图 2-6　主要自由基在几种燃料环境中的分布

a—Cl；b—OH；c—H；d—O

　　在化学热力学中，常用化学亲和势 A 来表示一个反应在恒温恒压条件下的推动力大小，化学亲和势 A 被定义为：

$$A = -\Delta G \tag{2-5}$$

　　因此，一个反应的 ΔG 若为负值，才会有正向推动力，且其绝对值越大，则推动力越大。反应进行的程度通常用平衡常数 K 来衡量，K 值越大，反应进行得越完全。一定温度下，反应的 Gibbs 函数变 ΔG 和平衡常数 K 决定于反应系统的本性，不同温度下化学反应的 ΔG 是用吉布斯-亥姆霍兹（Gibbs-Helmholtz）方程式（2-6）来描述的，反应的 K 与 T 的函数关系则由范特霍夫（van't Hoff）方程式（2-7）给出。

$$(\partial \Delta G / \partial T)_{p,x} = (\Delta G - \Delta H)/T \tag{2-6}$$

式中，下角 x 表示组成不变。

$$d\ln K/dT = \Delta H/(RT^2) \tag{2-7}$$

　　298K 时，目标反应的标准 Gibbs 函数变 $\Delta G^{\ominus} = -224.38\text{kJ/mol}$，以 Gibbs 函数作为判据，该反应能自发进行，且反应的推动力是比较大的。但是，CFC-12 却不像一元卤代烃那样易于发生类似于水解之类的 S_N 亲核取代反应[219~221]，其原因是 CFC-12 的 4 个键的键能都比较大，其分子呈三角锥形结构，具有很高的对称性，整个分子的极性很小，表现出很强的化学惰性，大家从表 2-2 的数据[222]中也不难理解这一现象。因此，常温下目标反应的反应速率很慢，以致在数天的时间范围内都很难观察到反应发生的迹象。众所周知，燃烧场成为一个加速这一反应动力学过程的重要条件。

表2-2　相关物质的电离能及特殊相关化学键离解能（298K）

物　　质	第一电离能/MJ·mol^{-1}	化学键	离解能/kJ·mol^{-1}
CH_4	1.207	C—H	337.2
1-C_4H_8	0.924	Cl—CH_3	339
CCl_2F_2	1.134	F—CH_3	452
CH_2ClF	1.13	Cl—$CClF_2$	318
CCl_4	1.107	F—CCl_2F	460
		F—CF_3	523

2.2.2 小节中的 4 种燃料——CFC-12 耦合体系加上 CFC-12 + H_2O 体系，共有 5 个反应体系的 ΔG-T 关系曲线和 lg$K$-T 关系曲线绘在图 2-7 中，由该图可以看出：CFC-12 + H_2O 反应体系的 Gibbs 函数曲线位于最上面，CO、H_2 耦合体系次之，位于最下面的是 LPG 体系，这说明 LPG 体系的反应推动力在 300 ~ 2500K 的温度范围内是最大的，其他体系与它相差甚远，例如，1500K 时，LPG 体系的反应推动力是 CFC-12 + H_2O 体系的 5.7 倍，还分别是 H_2 体系、CH_4 体系的 4.4倍、2.3 倍。在 lg$K$-T 关系图中，曲线的排列顺序正好与 ΔG 曲线的排列顺序相反，相同温度下，CFC-12 + H_2O 反应体系的 K 值最小，曲线位于最下面，H_2、CO 体系次之，位于最上面的是 LPG 体系，这说明 LPG 体系的反应进行得最为彻底，它们之间的差距随温度升高有减小的趋势，尽管如此，在整个温度考察范围内，LPG 体系的平衡常数远大于其他体系，1500K 时，LPG 反应体系的 K 值为 7.63×10^{106}，与 CFC-12 + H_2O 体系相差 60 个数量级，与 H_2 体系、CH_4 体系分别相差 82、88 个数量级。在计算温度范围内，2500K 时 LPG 反应体系的平衡常数最小，此时平衡常数 $K = 2.66 \times 10^{68} \gg 0$，这是一个非常大的值，说明该体系平衡时反应进行得非常完全，这对 CFC-12 的分解是很有好处的。

经过对计算结果的比较，可得到如下结论：目标反应在 4 种燃料体系中都使反应的化学亲和势和平衡常数更大，亦即反应的推动力更大，反应进行得更彻底，在备选的四种燃料体系中，这一效果以 LPG 体系更加显著，从此角度评价，选 LPG 作为燃料最合适。

从计算结果还可知，当反应能够发生时，较低的温度将更有利于 CFC-12 的彻底分解，这在 LPG 体系中也表现得更加明显。

最后，结合目标反应的温度效应来考察。经计算，298K 时目标反应的标准

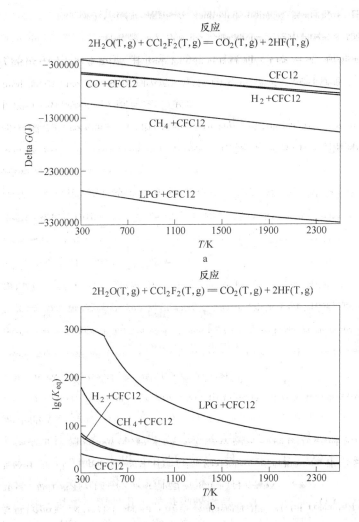

图 2-7　五个反应体系的 ΔG、K 随 T 变化图

a—ΔG-T 关系；b—lg$K$-T 关系

反应焓变 $\Delta H^{\ominus} = -147.95\text{kJ/mol}$，该反应为放热反应，恒压条件下，298K 时反应的热效应即为 147.95kJ/mol。从化学反应平衡移动原理来看，平衡体系的温度升高将会使目标反应的平衡向反应物方向移动，不利于 CFC-12 分解，因此，具有较低温度的燃烧场应为首选。这一结论与前面用平衡常数作衡量指标时得到的结果是一致的。在此，本书以燃料的绝热燃烧温度作为衡量指标进行考察，具体考察前，先定义燃烧的空气过量系数 α：

$$\alpha = A/A_0 \tag{2-8}$$

式中 A_0——燃料完全燃烧需要的理论空气量，m^3/m^3（燃料）；

A——燃烧时实际供给的空气量，m^3/m^3（燃料）。

同样，用 FactSage 6.1 软件计算得到四种燃料当 α 在 1～1.5 之间变化时的绝热燃烧温度，见图 2-8。

反应
$$0.141C_3H_8(298K,g) + <8.938A>O_2(298K,g) + <53.874A>N_2(298K,g)$$

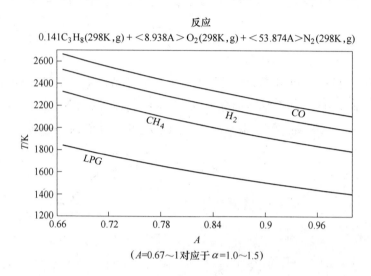

($A=0.67～1$ 对应于 $\alpha=1.0～1.5$)

图 2-8 四种燃料的绝热燃烧温度 T-α 关系

从这四种燃料的绝热燃烧温度来看，α 大于 1 后，每种燃料的绝热温度都随 α 增大而降低，而 LPG 的绝热燃烧温度明显低于其他 3 种燃料，$\alpha=1$ 时其绝热燃烧温度分别比 CO、H_2、CH_4 低 840K、680K、490K；当 α 小于 1 时，由于燃烧不完全，会产生大量 CO，而含碳燃料燃烧放出的热量主要来自 CO 氧化成 CO_2 的反应，产生 CO 的反应一般都是强烈吸热的，几种燃料燃烧产物随 α 变化的分布情况见图 2-9。从图中可以看出：燃烧不完全时，CO、CH_4、LPG 三种燃料的产物中存在大量的 CO，H_2 的平衡产物中也有大量未氧化的燃料，这都使体系温度下降，系统中未氧化燃料量随 α 增大而下降，当 α 超过 1 后，各系统中均无未氧化的燃料存在，燃料的热量已全部释放。因此，α 小于 1 时，随着空气供给量的增加，绝热燃烧温度会逐渐上升，各种燃料的绝热燃烧温度高低顺序会与 α 大于 1 后的顺序一致，最高绝热燃烧温度应出现在 α 等于 1 时。

在相同的空气过量系数下，LPG 的燃烧温度低于其他几种燃料，与燃烧温度最高的 CO 相比，温度低约 700～800℃，为提高 CFC-12 的分解率，从热力学角度看，选择 LPG 作燃料更符合要求。

综上所述，在可供选择的气体燃料中，从热力学角度分析，LPG 是最佳的燃料，若从实验材料的易得性、可操作性和经济性来看，更应该选择 LPG。因此，

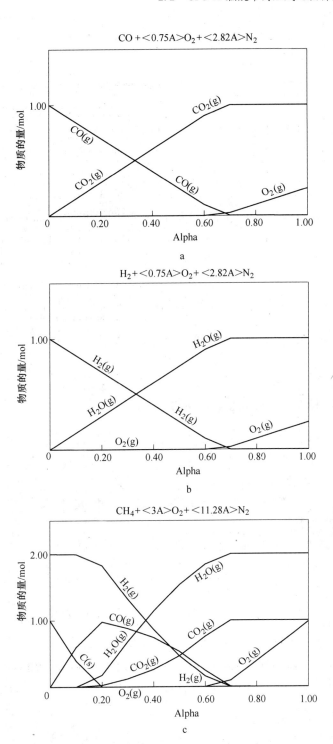

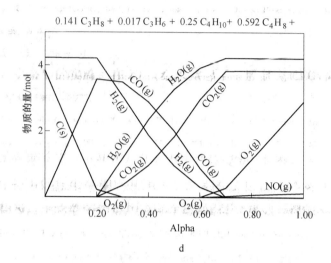

图 2-9　四种燃料燃烧的平衡组成-α 关系（1800K）

（横坐标值 0～1 对应于 $\alpha = 0$～1.5，0.67 对应 $\alpha = 1$）

a—CO；b—H_2；c—CH_4；d—LPG

初步确定 LPG 作为燃料。

2.3　LPG-CFC-12 反应体系热力学

　　本节内容利用上节得到的结果——以 LPG 为燃料，考察 CFC-12-LPG 耦合体系（以下称 LPG 体系）的热力学行为。这是一个单相多组分系统，主要研究体系达到平衡后的主要成分分布，以及温度、压力等因素对平衡组成的影响，重点考察 F、Cl 元素在各种条件下的分布规律，这对氟利昂分解及分解后的资源化利用具有重要指导意义。

　　LPG 体系的输入物种考虑为 LPG、空气、水及 CFC-12，输入物种及量的比例主要考虑 LPG/CFC-12 = 1/1、CFC-12/H_2O = 1/2、空气过量系数 $\alpha = 1$，体系中详细基本输入量为（单位：mol）：

$$(0.141C_3H_8 + 0.017C_3H_6 + 0.25C_4H_{10} + 0.592C_4H_8) +$$

$$(5.9585O_2 + 35.916N_2) + (CCl_2F_2 + 2H_2O) \tag{2-9}$$

　　在本节讨论中需要说明的是，空气中的氮被作为惰性组分处理，其平衡浓度不随各种条件变化，所有图中都没有将之表示出来。

2.3.1　平衡组成随压力变化

　　对式（2-9）所表示的 LPG 体系，分别计算了 1200K 和 1800K 时（1.01×10^6 ～

3.04×10^6) Pa 压力范围内体系的平衡组成, 结果见图 2-10。

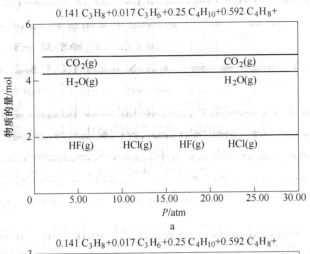

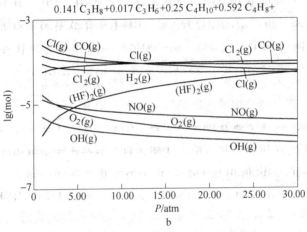

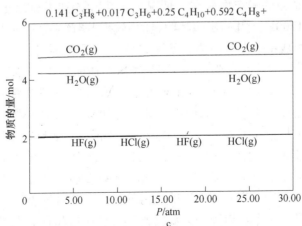

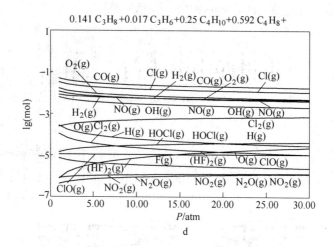

图 2-10 平衡组成与压力的关系（1atm = 101325Pa）

a—1200K 主要组分；b—1200K 次要组分；c—1800K 主要组分；d—1800K 次要组分

由图 2-10 可看出：主要产物的平衡浓度几乎不随压力变化，低浓度产物随压力变化的幅度也不是很明显，除 Cl_2、HF 二聚体和 HOCl 有随压力增大而稍有上升的趋势外，其余物种均呈现出随压力增大而稍有下降。总体上，压力对平衡组成的影响很小。

由这一结果，在后续实验中将不再考察压力对反应的影响。

2.3.2 平衡组成随温度变化

对式（2-9）所表示的 LPG 体系，计算了 300 ~ 2500K 温度范围内体系的平衡组成，其主要平衡产物分布的情况见图 2-5d，其中显示出的主要特点是 CO_2 和 HCl 在 1700K 后开始了比较明显的离解，导致 CO 和一些含氯化合物大量生成，平衡组成中 F、Cl 的分布见图 2-11。由图可知，F 的存在形态比较单一，1600K 以下几乎全部以 HF 及其多分子缔合体的形式存在，1600K 以上，F 原子自由基和 ClF 的量才超过 10^{-6} mol，此时它们在产物中的摩尔分数仅为 10^{-8} 数量级，这对 CFC-12 分解产物的处理是比较有利的。Cl 的存在形态比 F 复杂，共有 8 个物种在考察区间内的量在 10^{-6} mol 以上，其中比较重要的一点是在 1000K 以上的温度范围内，Cl 原子自由基成为仅次于 HCl 的第二大量产物，结合图 2-8 可证明在 LPG 体系的燃烧场中 Cl 原子自由基浓度比较高，这可能会对燃烧过程造成实质性的影响。另外，大部分低浓度成分的量都随温度升高而急剧上升，这也可以理解为温度升高将会在量和种类上产生更多的次要产物（副产物）。

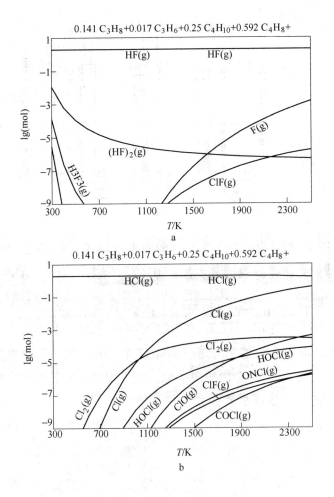

图 2-11 LPG 体系平衡组成中 F、Cl 的分布情况 （101325Pa）
a—F 分布；b—Cl 分布

2.3.3 平衡组成随原始组成变化

2.3.3.1 ［CFC/LPG］比例的影响

在体系式（2-9）中，保持其他物质的供给量不变，改变 CFC/LPG 的供给比例由 0/1 到 4/1，同时保持 CFC/H_2O = 1/2，计算 1200K 和 1800K 时的平衡组成，图 2-12 是 1200K 时的变化情况。

从热力学角度看，［CFC/LPG］的初始比例对平衡组成中主要成分 HF、HCl、CO_2 的分布没有影响，随着 CFC-12 加入量的增大，平衡组成中 HF、HCl成比例增加，所有低浓度成分的摩尔分数均在 10^{-5} 数量级以下，说明反应产物很集中。

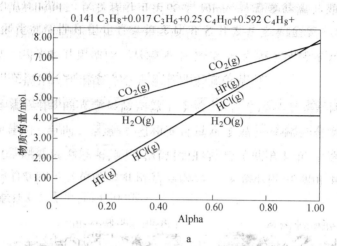

a

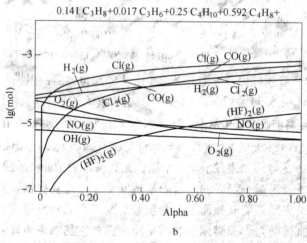

b

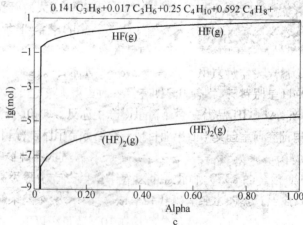

c

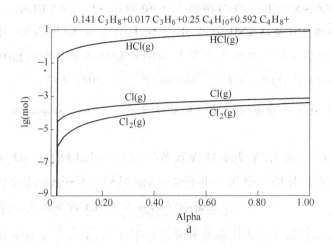

$0.141 C_3H_8 + 0.017 C_3H_6 + 0.25 C_4H_{10} + 0.592 C_4H_8 +$

图 2-12　平衡组成与［CFC/LPG］比例的关系（1200K）

（横坐标值 0～1 对应于［CFC/LPG］比例 0/1 到 4/1）

a—主要组分；b—次要组分；c—F 分布；d—Cl 分布

　　1800K 时的平衡组成与此类似，但 CO_2、HCl 已有离解，低浓度组分的数量和浓度都有较大提升。

　　尽管热力学计算结果显示［CFC/LPG］的初始比例对平衡组成中主要成分 HF、HCl、CO_2 的分布没有影响，但实际上 CFC-12 的存在对 LPG 燃烧场的影响是很大的，这是衡量 CFC-12 分解方法经济性的指标之一，因此，在后续实验中仍将对该指标进行详细研究。

2.3.3.2　［CFC/H_2O］比例的影响

　　在体系式（2-9）中，保持其他物质的供给量不变，改变 CFC/H_2O 的供给比例，计算了 1200K、1800K 时的平衡组成的变化情况，见图 2-13，需要说明的是，水的供给量包含 LPG 燃烧生成的量，考察的变化范围是 1/1.4～1/2.4。CFC/H_2O 的化学计量比是 1/2，相当于图中横坐标的值等于 0.59 时的情况。由图中可以看出，在 CFC/H_2O 的加入比例达到化学计量比之前，也就是体系处于缺水状态时，水的量对平衡组成的变化及各组分的量影响非常大，主要产物 HCl、CO_2、CO 与水的加入量有很好的线性相关性，与足量水存在的条件相比，物质的量的分数在 10^{-6} 数量级以上的平衡组分数量大增，有 COClF、CF_4、COF_2、$COCl_2$、$CClF_3$ 等，这在 F、Cl 分布图上看得更加清楚。CO、Cl_2、COF_2 在平衡组成中的摩尔分数达 10^{-3} 数量级以上。值得注意的是，在平衡组成中还包括 CCl_3F、$CClF_3$ 和未分解的 CCl_2F_2 等 CFCs 类物质；在 CFC/H_2O 的加入比例达到化学计量比之后，除 H_2 外，大量组分的含量大幅下降，CCl_3F、$CClF_3$ 和

CCl_2F_2 等 CFCs 类物质消失了，这对 CFC-12 的分解和尾气处理都是有利的。

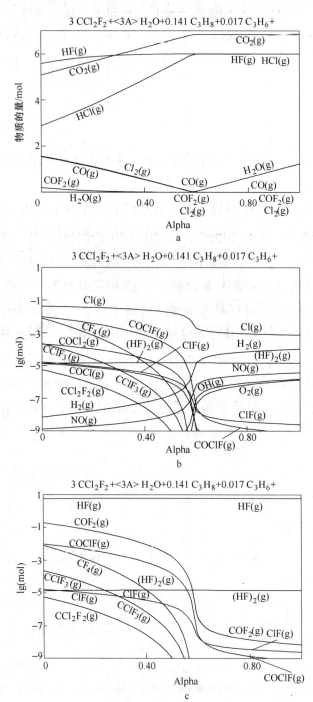

$3\,CCl_2F_2 + \langle 3A \rangle\, H_2O + 0.141\,C_3H_8 + 0.017\,C_3H_6 +$

a

$3\,CCl_2F_2 + \langle 3A \rangle\, H_2O + 0.141\,C_3H_8 + 0.017\,C_3H_6 +$

b

$3\,CCl_2F_2 + \langle 3A \rangle\, H_2O + 0.141\,C_3H_8 + 0.017\,C_3H_6 +$

c

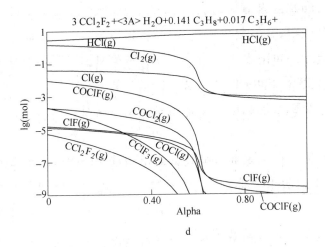

$$3 CCl_2F_2 + <3A> H_2O + 0.141 C_3H_8 + 0.017 C_3H_6 +$$

d

图 2-13 平衡组成与［CFC/H₂O］比例的关系（1200K）

（横坐标值 0～1 对应于［CFC/H₂O］比例 1/1.4 到 1/2.4，横坐标 0.59 对应 1/2）

a—主要组分；b—次要组分；c—F 分布；d—Cl 分布

计算结果表明：在缺水状态下，平衡组分复杂，同时 CFC-12 的分解率受到影响，在热力学平衡态下它的分解率尽管为 99.9987%（CFC/H₂O = 1/1.6），但已属于热力学分解不完全了。体系中足量水的存在有利于 CFC-12 的完全分解和尾气处理。

2.3.3.3 空气过量系数 α 的影响

在体系式（2-9）中，保持其他物质的供给量不变，改变体系中燃料燃烧的空气过量系数 α，以此模拟不同空气过量系数 α 时，燃烧产物的变化情况。1200K 时的结果见图 2-14。

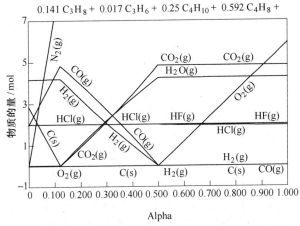

$$0.141 C_3H_8 + 0.017 C_3H_6 + 0.25 C_4H_{10} + 0.592 C_4H_8 +$$

a

$0.141 C_3H_8 + 0.017 C_3H_6 + 0.25 C_4H_{10} + 0.592 C_4H_8 +$

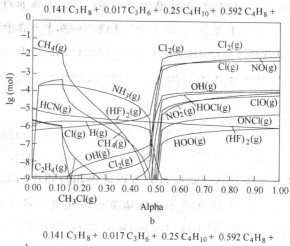

b

$0.141 C_3H_8 + 0.017 C_3H_6 + 0.25 C_4H_{10} + 0.592 C_4H_8 +$

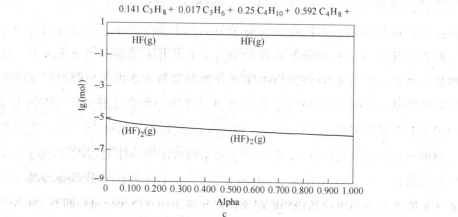

c

$0.141 C_3H_8 + 0.017 C_3H_6 + 0.25 C_4H_{10} + 0.592 C_4H_8 +$

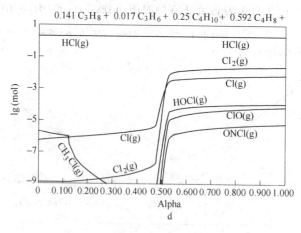

d

图 2-14　平衡组成与 α 的关系 （1200K）

（横坐标值 0 ~ 1 对应于 $\alpha = 0 ~ 2$，横坐标 0.50 对应 $\alpha = 1$）

a—主要组分；b—次要组分；c—F 分布；d—Cl 分布

由 1200K 的计算结果看，HF 和 HCl 的分布与 α 关系不大，但在严重缺乏空气的条件下（α 小于 0.3），有固态碳析出，并且固态碳与 CO 之间随 O_2 量的不同存在一种平衡关系，此时 CO_2 量很小，有大量的 H_2、CH_4 和 HCN 生成，LPG 燃烧非常不完全，同时有 CH_3Cl 存在；此后，随着 α 的逐渐增大，LPG 燃烧不完全的状况逐渐减轻，H_2、CH_4、HCN 和 CH_3Cl 的量迅速降低；当 α = 1 时，除 HF 和 HCl 外的许多平衡组分的浓度变化非常显著，在该点附近，随空气量增加，H_2、CH_4、HCN 等物种迅速降至我们的考察视野之外，而 HOCl、ClO 等物种迅速出现在我们的考察视野中；当 α 大于 1.05 时，体系的平衡组成变得非常稳定。由图 2-14 可以看出，LPG 的燃烧状况对 Cl 的分布的影响远大于对 F 分布的影响；在 α 小于 1.05 时，CFC-12 的分解与 LPG 的燃烧反应之间存在有明显的获取氧的竞争，这说明 LPG 的燃烧场对 CFC-12 分解反应中 Cl 的转化过程有重要影响。

我们还计算了 1800K 和 2200K 时的情况。高温时的规律与 1200K 时相似，但 α 在 1 附近时对很多物种浓度变化的影响幅度变小了，图 2-15 是 1800K 时的情况。

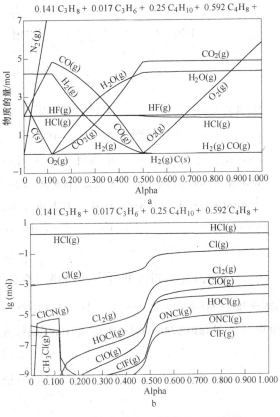

图 2-15 平衡组成与 α 的关系（1800K）

（横坐标值 0~1 对应于 α = 0~2，横坐标 0.50 对应 α = 1）

a—主要组分；b—Cl 分布

我们还注意到，当 α 小于 0.3 时，体系中有微量 CH_3Cl 存在（见图 2-16），这说明当体系缺氧时，平衡产物中有生成含氢氯代烃的趋势，且在考察范围内 CH_3Cl 的平衡量与空气过量系数关系密切，而与温度关系不大。

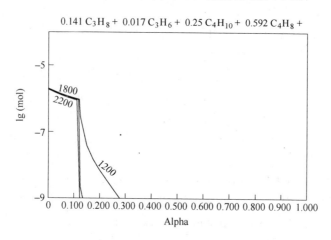

图 2-16　不同温度下 CH_3Cl 平衡组成与 α 的关系

2.4　本章小结

本章以化学热力学平衡方法为基础，应用 Factsgae 数据库和软件包，进行了富有成效的热力学研究。其中，产物平衡浓度随温度 T、压力 p 及原料组成的变化规律变化，并得到如下结论：

（1）CFC-12 的热力学稳定性并不高，在一定条件下很容易发生裂解，温度对裂解后平衡产物的分布影响很大。CFC-12 中加入 H_2O 后，主要平衡产物是 HF、HCl 和 CO_2，随温度升高，HCl 和 CO_2 会发生离解，温度越高，离解程度越大。当按化学计量比加入水时，CFC-12 分解彻底，从平衡产物来看，CFC-12 的分解并非是温度越高越好，相对的低温可能更有利于 HF、HCl 和 CO_2 的选择性形成。若平衡体系中含水量达不到化学计量比，则不但不利于 CFC-12 的分解，而且也不利于产物的控制。

（2）目标反应在所考察的四种燃料体系中都能进行得很完全，且所有备选燃料体系都使反应的化学亲和势和平衡常数更大。1500K 时，目标反应与 LPG 燃烧场耦合体系的平衡常数 $K = 7.63 \times 10^{106} \gg 0$，比没有 LPG 燃烧场存在时的 CFC-12 + H_2O 体系相差了 60 个数量级，同时也比其他三种燃料体系的平衡常数大很多，说明热力学上用于燃烧分解 CFC-12 的最佳燃料是 LPG。

（3）CFC-12 在 LPG 燃烧场中反应分解，F 在产物中的分布很简单，只有 HF、F 原子自由基和 ClF 在考察范围内其量超过 10^{-6} mol；同样条件下，Cl 分布在 8 个物种之中，其中 Cl 原子自由基成为仅次于 HCl 的第二大产物，这将导致在 LPG 体系的燃烧场中 Cl 原子自由基浓度比较高。温度升高将会在量和种类上产生更多的次要产物（副产物）。所以当反应能够发生时，应该在较低的温度条件下进行。

（4）在 $1.01 \times 10^6 \sim 3.04 \times 10^6$ Pa 压力范围内，与 LPG 燃烧场耦合后的体系平衡组成受压力影响很小，故在后续实验中将不再考察压力对反应的影响。

（5）与 LPG 燃烧场耦合后的体系平衡组成中 HF 和 HCl 的分布与空气过量系数 α 关系不大，但 α 小于 0.3 时，有大量的 H_2、CH_4 和 HCN 生成，同时有 CH_3Cl 存在，在考察范围内 CH_3Cl 的平衡量与空气过量系数关系密切，而与温度关系不大；在 $\alpha = 1$ 附近时，除 HF 和 HCl 外的许多平衡组分的浓度变化非常显著，随 α 增大，H_2、CH_4、HCN 等物种迅速降低；当 α 大于 1.05 时，体系的平衡组成变得非常稳定。

3 反应机理的理论研究

反应机理（reaction mechanism）描述了化学反应微观过程的化学动力学（chemical kinetics），其中，每一步反应称作基元反应，这些基元反应的净反应即为表观化学反应。对反应机理进行深入研究能为反应器设计和过程控制提供理论依据，因此，反应机理在化学动力学研究内容中占有重要地位。

本研究的对象反应温度高，中间体活性大，给反应机理的研究造成了很大困难，但现有的研究表明：CFC-12 在烃类燃烧的"自由基池"中反应活性很高，它在 LPG 燃烧场中的表现符合自由基反应机理反应。因此，本章使用量子化学理论对 CFC-12 在 LPG 燃烧场中的反应机理和主要反应通道进行理论研究。具体使用的理论工具是量子化学中基于密度泛函理论（Density Functional Theory，简称 DFT）的计算方法，计算工具是 Materials Studio 软件。

3.1 计算基础

所有反应过程均通过理论计算加以确认。基于时间成本考虑，全部计算都是用 Materials Studio 软件在密度泛函 LDA/PWC（DNP）水平下完成的。我们在这一水平下优化了所有反应物（R）、产物（P）、中间体（IM）和过渡态（TS）的结构，然后从过渡态出发，在相同水平下，利用内禀反应坐标（Intrinsic Reaction Coordinate，IRC）理论构造了反应的最小能量途径（Minimum Energy Path，MEP）对反应过程进行计算，以确认过渡态连接着特定的反应物和产物（或者中间体）。零点能（Zero-Point Energy，ZPE）校正也在这一水平下获得。频率计算用于表征稳定点的特征，反应物、产物、中间体的频率全部是正的，而过渡态有且仅有一个虚频。TS 搜索采用 Complete LST/QST 协议，这是一种基于反应物与产物结构的 TS 搜索算法。计算收敛精度见表 3-1。

表 3-1　收敛精度设置

性　质	Forcite 几何优化	DMol3 几何优化	过渡态寻找	过渡态确认
梯度的均方根	—	—	0.01 Hartree/Å	—
单点能	2×10^{-5} kcal/mol	1×10^{-5} Hartree	—	1×10^{-5} Hartree
梯　度	0.001 kcal/molÅ	0.002 Hartree/Å	—	0.002 Hartree/Å
位　移	1×10^{-5} Å	0.005Å	—	0.005Å

3.2 结果与讨论

由 CFC-12 在 LPG 燃烧场中反应的表现判断 CFC-12 在 LPG 燃烧场中的反应为自由基反应。第 3 章的相关实验说明 LPG 燃烧场对 CFC-12 的降解过程有重要影响，因此，在对 CFC-12 耦合了 LPG 燃烧后的反应机理进行研究之前，我们查阅了大量烃类燃烧机理方面的文献[232~247]，大部分文献中均涉及了甲烷、乙烷、乙烯、丙烷、丙烯的燃烧机理，其中，文献［240~243］属最经典的烃类物质燃烧机理综述论文，文献［232，239，247，248］对丁烷、丁烯燃烧机理有详细研究，而文献［244］是世界上最权威的甲烷详细燃烧机理之一。多年来，以上文献在世界燃烧学领域有广泛影响，参考这些文献，我们知道，含有多个碳原子的烃类氧化是一个退化分支链锁反应的过程，即高分子烃裂解成低分子烃，长链烃裂解成短链烃，由支链的或支链较多的烃裂解成无支链或少支链的烃等。Griffiths 等人[245]的实验结果获知高温反应主要是 C1、C2 和 C3 组分及 OH、O、H 和 HO_2 的反应。Zheng 等人[246]的实验研究表明，正庚烷在中低温退化分解时，甲醛（HCHO）是其最主要的醛类（RCHO）产物。因此，我们认为 LPG 在燃烧过程中产生的 H、OH、O、HO_2、CH_3、CH_2、CHO 等重要自由基对 CFC-12 的分解反应通道有重要影响。在参阅以上提到的参考文献基础上，我们还认真分析了文献［248~272］，并结合实验现象和结果，最终提出了 CFC-12 在 LPG 燃烧场中可能的详细反应机理。这是一个多通道的自由基反应机理，见图 3-1。该机理共涉及 46 个物种（包括自由基），包括 388 个基元反应，详见附录 B。一般来说，自由基反应的选择性较差，通常会经由多个通道生成多种产物，在我们提出的机理中之所以涉及很多物种的原因即在于此。这些可能的基元反应需要在后续理论计算的基础上进行优化筛选，以得到最主要的反应通道。优化的依据是以 Arrhenius 方程为基础的经典化学反应动力学理论。

由 Arrhenius 方程我们已经知道化学反应速率 k 与反应活化能 E_a 及温度之间具有的重要关系：

$$k = A\exp(-E_a/RT) \tag{3-1}$$

式中　A——指前因子；

　　　R——气体常数；

　　　T——热力学温度。

从指数定律看，E_a 及 T 的变化对速率常数 k 的影响比指前因子 A 的变化显著得多，故在本章后面的讨论中将忽略 A 的影响；速率常数 k 虽然对温度 T 的依赖性很大，但在不同温度下，T 对 k 的影响程度（即 k 随 T 的变化率 dk/dT）是不同的，当 $T = E_a/2R$ 时，$d^2k/dT^2 = 0$，此时 dk/dT 取得极大值。温度更高时，k 随 T 的变化率会较小；在不同温度范围内，E_a 对 k 的影响也是不同的。根据

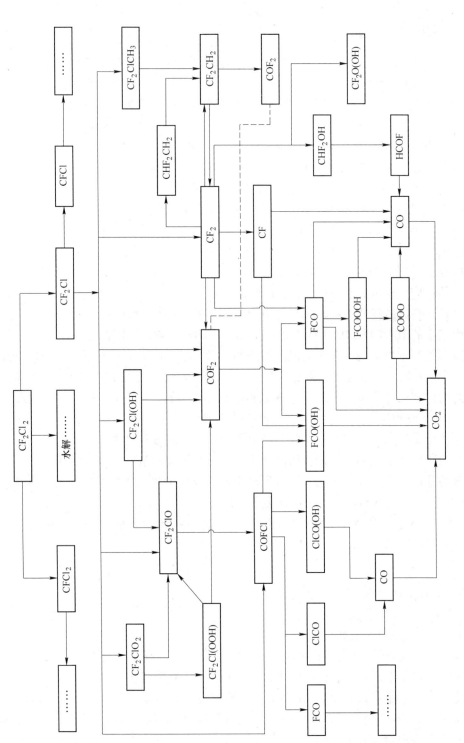

图 3-1   CFC-12 在 LPG 燃烧场中的可能反应历程示意图

Arrhenius 方程可以得到以下结论：若 $E_{a1} < E_{a2}$，则 $(\mathrm{d}k_2/\mathrm{d}T) < (\mathrm{d}k_1/\mathrm{d}T)$，即活化能越大，$k$ 随 T 的变化率就越小；另外，温度对化学反应速率影响的显著程度也依赖于活化能，活化能越高，温度对化学反应速率影响越显著。当活化能接近于零时，也就是说当反应物分子绝大部分都属于活化分子时，温度对化学反应速率的影响就很小了。根据实验事实，在 LPG 燃烧场中，温度的波动并没有影响到 CFC-12 的分解及分解产物，并且反应依然很快。因此，我们不将温度作为优化 CFC-12 在 LPG 燃烧场中反应通道的考察因素，而主要靠活化能进行优化。最后，根据物理化学知识还知道，一般化学反应的活化能 E_a 介于 41.87～418.68kJ/mol 之间，而实验得到的很多实际存在的自由基反应的活化能都很低[240,241,244]，有些甚至是无能垒的过程。我们以此为依据，将 E_a 小于一般化学反应活化能低限 41.87kJ/mol 作为主要反应通道的优化依据，找出能量低的通道作为主要反应通道。

我们对附录 B 中的反应进行逐个计算，有的计算不收敛，有的没能成功搜索到过渡态（TS），得不到结果。凡计算成功的反应，相关物种的优化构型、总能量、TS 振动频率及反应活化能等重要信息汇总。对各中间体和过渡态的频率分析表明：所有中间体的力常数本征值为正，说明它们是反应势能面上的稳定点。各过渡态均具有唯一虚频，并且对其进行的 IRC 计算确认了这些过渡态的真实性。对于多通道的自由基反应机理，我们接下来按照主要物种分类后进行讨论。

3.2.1 CFC-12 的初始分解反应

该步骤为 CFC-12 分解的第一步，主要解决 CFC-12 在 LPG 燃烧场中的分解通道入口。在本书的研究条件下 CFC-12 的初始分解反应可能有 29 个通道，它们分别是 CFC-12 的单分子离解以及与 OH、H、O、HO_2、卤素自由基（以 Cl 为例）、烃基自由基（以 CH_3 为例）、醛基自由基（以 CHO 为例）等自由基、H_2O 的反应，标注为 R11～R129（参见附录 B，第一组），计算结果：反应 R118、R123 的计算不收敛，其余 27 个收敛，其活化能和反应热见表 3-2。

表 3-2 计算得到的 CFC-12 初始分解步骤的能垒 E_a 及反应热 E_r

参与反应的其他物种	脱 氯 通 道			脱 氟 通 道		
	反应	$E_r/\mathrm{kJ \cdot mol^{-1}}$ (kcal·mol^{-1})	$E_a/\mathrm{kJ \cdot mol^{-1}}$ (kcal·mol^{-1})	反应	$E_r/\mathrm{kJ \cdot mol^{-1}}$ (kcal·mol^{-1})	$E_a/\mathrm{kJ \cdot mol^{-1}}$ (kcal·mol^{-1})
—	R13	239.32(57.16)	300.36(71.74)	R113	294.21(70.27)	361.74(86.40)
OH	R11	27.51(6.57)	11.60(2.77)	R12	252.67(60.35)	19.85(4.74)
CH_3	R110	−37.05(−8.85)	−34.83(−8.32)	R115	−15.74(−3.76)	−16.45(−3.93)
H	R18	−76.49(−18.27)	39.23(9.37)	R19	−80.14(−19.14)	98.01(23.41)
O	R16	−349.72(−83.53)	8.25(1.97)	R17	62.93(15.03)	62.51(14.93)

参与反应的其他物种	脱 氯 通 道			脱 氟 通 道		
	反应	$E_r/\text{kJ} \cdot \text{mol}^{-1}$ (kcal·mol^{-1})	$E_a/\text{kJ} \cdot \text{mol}^{-1}$ (kcal·mol^{-1})	反应	$E_r/\text{kJ} \cdot \text{mol}^{-1}$ (kcal·mol^{-1})	$E_a/\text{kJ} \cdot \text{mol}^{-1}$ (kcal·mol^{-1})
HO₂	R111	193.18(46.14)	199.04(47.54)	R116	315.27(75.30)	326.11(77.89)
Cl	R14	120.04(28.67)	10.55(2.52)	R15	109.40(26.13)	224.83(53.70)
CHO	R112	−37.01(−8.84)	67.20(16.05)	R117	−52(−12.42)	114.09(27.25)
CH₂	R119	−599.05(−143.08)	−47.98(−11.46)	R120	−511.88(−122.26)	−11.81(−2.82)
CH₂	R121	−140.17(−33.48)	3.27(0.78)	R122	−98.93(−23.63)	−46.93(−11.21)
H₂O	R114	321.76(76.85)	331.22(79.11)	R118	—	—
H₂O	R124	−49.95(−11.93)	227.26(54.28)	R125	−32.62(−7.79)	219.22(52.36)
H₂O	R126	27.30(6.52)	32.07(7.66)	R127	44.09(10.53)	44.92(10.73)
H₂O	R128	−5.82(−1.39)	91.77(21.92)	R129	−0.46(−0.11)	132.05(31.54)

　　本组反应对于整个机理来说非常重要，因为起始步骤决定了后续反应方向。故将本组反应从机理上分为 CFC-12 单分子离解反应通道、水解反应通道、自由基反应通道三类分别进行讨论。

3.2.1.1　单分子离解反应

　　在表 3-2 中，仅 R13 和 R113 是 CFC-12 的单分子离解反应，其实质是该分子中 C—Cl 键和 C—F 键的均裂。这首先与两个化学键的键能大小有直接关系，C—Cl 键能为 328.54kJ/mol，与 C—C 单键（332.56kJ/mol）相似，而 C—F 键键能要大得多，为 485.79kJ/mol，因此，CFC-12 分子中，C—Cl 键比较容易离解。我们计算得到的基态势能面上 C—Cl 键离解活化能是 300.36kJ/mol，与其键能值相差 8.58%；而 C—F 键离解活化能的理论计算值为 361.74kJ/mol，低于键能值 25.54%。由于化学键离解能过高，CFC-12 对热显示了很高的稳定性，我们在 900K 石英管内都没有检测到它的分解。可实际上 CFC-12 在 230K 的平流层中却可以分解，这原因是什么呢？原来，CFC-12 在大气中进行的是光化学反应，是分子在激发态下的反应，因此，在激发态势能面上（加注 * 号）对 CFC-12 的 C—Cl 键离解进行了研究，主要数据见表 3-3。

表 3-3　CFC-12 离解脱氯反应在基态和激发态的基本情况对照

项目状态	反应物情况						反应热 $E_r/\text{kJ} \cdot \text{mol}^{-1}$ (kcal·mol^{-1})	活化能 $E_a/\text{kJ} \cdot \text{mol}^{-1}$ (kcal·mol^{-1})
	键角/(°)			键长/Pm		能量/kJ·mol^{-1} (kcal·mol^{-1})		
	FCF	FCCl	ClCCl	C—F	C—Cl			
基态 R13	107.69	109.33	111.71	133.3	175.4	−3031285.95 (−724010.21)	239.32 (57.16)	300.36 (71.74)
激发态 R13[①]	108.79	104.07	130.64	130.8	216.3	−3030891.22 (−723915.93)	−51.20 (−12.23)	−0.50 (−0.12)

　　① 在激发态势能面上。

由计算结果可知，CFC-12 的分子结构在激发态下较基态有较大变化：各键角均发生了变化，Cl—C—Cl 夹角激发态比基态增大 16.95°；C—F 键键长略为变短，而 C—Cl 键键长较基态拉长 23.32%，说明激发态分子中 C—Cl 键的电子离核更远、能量更高，更容易发生反应。CFC-12 分子基态（CF_2Cl_2）与激发态（$CF_2Cl_2^*$）能量相差巨大，为 394.73kJ/mol。该反应在基态势能面上是一个高能垒、高吸热反应，而在激发态势能面上变成了一个无能垒的放热反应，整个反应的能量比基态反应高很多。势能面剖面图见图 3-2。一般情况下，热辐射光子能量小，反应物分子不激发，反应沿基态势能面进行，需要跨越一个 300.36kJ/mol的高能垒，产物能量比反应物高 239.32kJ/mol；而光子能量较大，反应物常受激处于激发态，因而反应可沿激发态势能面进行，其能垒非常低，仅 0.5kJ/mol，产物能量更低，更稳定。反应势能面提示光化学反应通道非常容易进行而加热反应阻力很大。除此之外，我们再来看看两种状态下的前线轨道情况（见图 3-3）。在激发态（三线态）情况下，反应物和过渡态的最高能量占据轨道（HOMO）保持得非常一致，形状与 P_z 轨道很相似，轨道完全对称，反应很容易进行；而在基态（单线态）情况下，其 HOMO 基本是氯原子的 $3P_x$ 轨道贡献的，反应物和过渡态的 HOMO 悬殊非常大，几乎没有对称性，反应很困难。由前线轨道理论得到的结论与势能面结论一致，实验结果也证实 CFC-12 脱氯离解的光化学反应非常容易进行，而热反应很难发生。

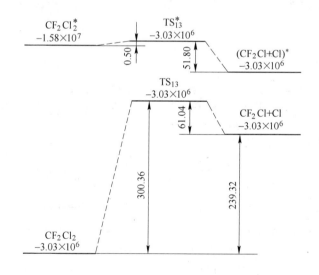

图 3-2　CFC-12 离解脱氯反应势能面剖面图（kJ/mol）

3.2.1.2　水解反应

在表 3-2 中，属于水解方向的反应通道有 R114、R124 ～ R129，其中，R114、R124、R125 是 CFC-12 水解的第一步，能垒都比较高，产物中含有自由基的通道

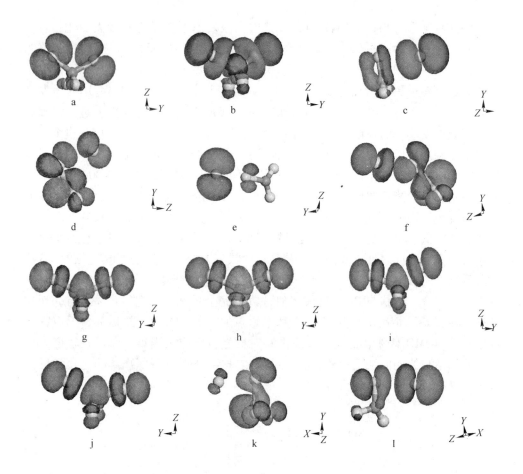

图 3-3 CFC-12 离解脱氯反应中反应物、过渡态、产物

a—CF2Cl2 单线态（HOMO）；b—CF2Cl2 单线态（LUMO）；c—单线态 TS（HOMO）；

d—单线态 TS(LUMO)；e—CF2Cl + Cl 单线态(HOMO)；f—CF2Cl + Cl 单线态(LUMO)；

g—CF2Cl2 三线态（HOMO）；h—CF2Cl2 三线态（LUMO）；i—三线态 TS（HOMO）；

j—三线态 TS（LUMO）；k—CF2Cl + Cl 三线态（HOMO）；l—CF2Cl + Cl 三线态（LUMO）

（在基态（单线态）和激发态（三线态）的前线轨道）

为 R114，其能垒高达 331.22kJ/mol，吸热量也很大，产物结构与过渡态差别很小，能量上仅差 9.46kJ/mol，这是一个较难实现的反应；另外两个水解通道 R124、R125 差别不大，虽为放热反应，但活化能在 209.34kJ/mol 以上。R126 ~ R129 是水解的第二步反应，机理上属于消去反应，这一步反应能垒比较低，R126 甚至进入了我们的筛选范围，但因为第一步能垒过高，水解通道并不通畅。这与事实相符合：现实中，若制冷剂 CFC-12 中含有水分，则其分解产物会腐蚀管道而造成毛细管堵塞，只是反应速率很慢。反应的速率控制步骤应为第一步 CFC-12 与水分子的反应。

3.2.1.3 自由基反应

属于自由基反应机理的通道众多，根据计算结果，R12、R15、R17、R19、R113、R115、R116、R117 等脱氟通道的活化能均明显高于相应脱氯通道的活化能，脱氟反应中活化能较低的是与 OH、CH_3、H、O、CHO 的反应，脱氯反应中活化能较高的则是与 HO_2 的反应；与卡宾的反应 R119～R122 在能量上都非常有利，R119、R120 是卡宾向 C—X（X＝F、Cl）单键的插入反应，R121、R122 发生的是卤原子迁移反应，但 R119、R122 在其反应势能面上尚未找到一个稳定的低能量中间体，我们暂不将之纳入正式反应机理。由以上讨论判断，CFC-12 的第一步反应即是一个多通道过程，R11、R12、R13、R14、R16、R17、R18、R19、R110、R115、R112、R117、R120、R121 等 14 个通道均可实现。

综上所述，在考察的 CFC-12 分解起始步骤的三个大方向中，单分子热离解是可行性最差的，但其光化学反应却很容易；水解反应虽能进行，但速控步骤能垒过高，反应速率很慢。CFC-12 在 LPG 燃烧场中可进行的多个热化学反应通道中，与 OH、CH_3、CH_2、H、O、Cl 发生的脱氯反应以及与 OH、CH_3 发生的脱氟反应为活化能极低的低能垒通道，它们是 CFC-12 发生第一步分解的主要通道。其中，以 CH_3、CH_2 为代表的烃基自由基和 OH 自由基作用巨大，它们不但能夺取 CFC-12 分子上的氯原子（对应着能量较低的 C—Cl 键断裂），而且还能夺取 CFC-12 分子上的氟原子（对应着能量较高的 C—F 键断裂），但是，相比较而言，它们夺取氯原子的通道无疑更具优势，因此，CFC-12 在 LPG 燃烧场中分解的入口通道发生了极大改变，既不是单分子离解反应通道，也不是水解通道，而是多个与自由基发生的热化学反应通道，其初始分解应该是脱氯反应，这与热力学研究结果一致（第 2 章的结论（1）），低能垒反应通道是 R11、R110、R14、R16、R18、R121，由这几个反应的计算结果分析，都是速度很快的反应，主要产物是 CF_2Cl 自由基，以下我们将沿着这一机理的方向进行讨论。

3.2.2 CF_2Cl 自由基的分解反应

由 CFC-12 脱氯生成的 CF_2Cl 自由基具有很高的活性，能够与很多 LPG 燃烧场中的物种发生反应，我们以主要物种为中心，按照图 3-1 中的步骤把这些反应分为 11 组进行讨论。

3.2.2.1 生成 CF_2 的反应

本组共考虑 18 个反应，标注为 R211～R2118（参见附录 B：2.1 组），计算结果 14 个反应均在基态势能面上收敛。这 14 个反应也就是 CF_2Cl 生成 CF_2 的 14 个通道。

根据计算结果（参见表 3-4、附录 C）分析，CH_3、H 与 CF_2Cl 反应夺取卤原子（指 F、Cl）是没有选择性的，且这四个通道是很容易实现的；而其他物种

与 CF_2Cl 的反应，包括 CF_2Cl 自身的离解反应均有较高的选择性，R217、R218、R2110、R2111 等脱氟通道的活化能明显高于相应脱氯通道的活化能，说明脱氯比脱氟容易得多。另外，从通道的数量上看，R212、R213、R214、R216、R2113 是五个能垒很低的脱氯通道，而低能垒脱氟通道只有 R219、R2112 两个。由此判断，CF_2Cl 的脱卤反应也是一个多通道过程，产物有 CF_2 和 $CFCl$，其中以生成 CF_2 的五个脱氯通道更具优势，生成 $CFCl$ 的两个脱氟通道为次要通道。

表 3-4 第一组反应通道计算得到的活化能 E_a 及反应热 E_r

参与反应的其他物种	脱 氯 通 道			脱 氟 通 道		
	反应	$E_r/kJ \cdot mol^{-1}$ (kcal $\cdot mol^{-1}$)	$E_a/kJ \cdot mol^{-1}$ (kcal $\cdot mol^{-1}$)	反应	$E_r/kJ \cdot mol^{-1}$ (kcal $\cdot mol^{-1}$)	$E_a/kJ \cdot mol^{-1}$ (kcal $\cdot mol^{-1}$)
—	R211	202.77(14.856)	104.28(24.906)	R217	311.96(74.510)	372.75(89.030)
Cl	R212	16.29(3.891)	17.85(4.264)	R218	305.73(73.023)	295.66(70.616)
H	R213	0.41(0.097)	2.91(0.694)	R219	−251.39(−60.044)	3.37(0.806)
OH	R214	13.04(3.114)	8.08(1.929)	R2110	306.94(73.311)	314.09(75.019)
HO_2	R215	90.42(21.596)	103.7(24.769)	R2111	278.82(66.595)	268(64.010)
CH_3	R216	−156.19(−37.305)	54.42(12.999)	R2112	−83.34(−19.906)	30.97(7.398)
O	R2113	−166.61(−39.795)	2.37(0.566)	R2114	不收敛	
CHO	R2115	不收敛		R2116	不收敛	
F	R2117	44.13(10.540)	293.75(70.162)	R2118	不收敛	

3.2.2.2 直接生成 COF_2 和 $COFCl$ 的反应

本组共考虑四个反应，标注为 R221~R224（参见附录 B：2.2 组），计算结果四个反应均在基态势能面上收敛。

根据计算结果（参见表 3-5、附录 C），R221、R222 两个通道不但反应能垒很低，接近于零，而且还是放热反应，这样的反应极易进行。通道 R223 的能垒也很低，整个反应吸热仅 24.71kJ/mol，通道 R224 活化能明显偏高，在四个通道中是最不具竞争力的，因此，CF_2Cl 可以很容易的经过通道 R221、R222 分解为 COF_2。

表 3-5 第二组反应通道计算得到的活化能 E_a 及反应热 E_r

参与反应的其他物种	反 应	$E_r/kJ \cdot mol^{-1}$ (kcal $\cdot mol^{-1}$)	$E_a/kJ \cdot mol^{-1}$ (kcal $\cdot mol^{-1}$)
O_2	R221	−260.96(−62.329)	0.74(0.176)
O	R222	−11.94(−2.851)	7.02(1.676)
OH	R223	24.71(5.901)	29.48(7.041)
OH	R224	44.93(10.731)	146.04(34.881)

本组反应中有一个重要通道即氧与 CF_2Cl 自由基的反应（R221），该通道几

乎是一个无能垒的反应通道，同时放出大量的热。事实上，因为氧分子的基态具有三线态结构，是一种很好的自由基捕捉剂，使得该反应通道成为形成 COF_2 的最具竞争力的通道之一。

3.2.2.3 生成 CF_2ClO_2 及后续反应

本组共考虑 18 个反应，标注为 R231 ~ R2318（参见附录 B：2.3 组），本组反应是研究 O_2 捕捉 CF_2Cl 自由基后的另一个通道产物 CF_2ClO_2 的形成及分解过程。计算有 9 个反应收敛。

根据计算结果（参见表 3-6、附录 C），通道 R231 是非常典型的低能垒放热通道，经一个 9.04kJ/mol 的能垒，放出 186.10kJ/mol 热量，生成 CF_2ClO_2，可与通道 R221 匹敌。与上一组反应一样，氧分子在反应 R231 中发挥了重要作用，显示了 O_2 与 CF_2Cl 自由基极强的结合能力，使得 O_2 捕捉 CF_2Cl 后的两个反应通道都显示了极强的竞争力。在之后的反应通道中，R232 看起来虽然很容易发生，但从结构考察，其空间位阻很大，分子间能发生反应的有效碰撞反而很少，使反应速率受到影响，竞争不过其他如 R233、R2311 等反应，故在主要通道中将其剔除。CF_2ClO_2 与 F、Cl 自由基反应（R2312、R2313）的产物不是我们期望的 CF_2ClO，而是 CF_2OO，但其能垒过高，不符合我们的优化要求，该通道也不予考虑。CF_2ClO_2 的自由基重排反应（R2318）能垒高达 170.15kJ/mol，也不能入选为主要通道。

表 3-6　第三组反应通道计算得到的能垒 E_a 及反应热 E_r

参与反应的其他物种	反　应	$E_r/kJ \cdot mol^{-1}$ (kcal $\cdot$ mol^{-1})	$E_a/kJ \cdot mol^{-1}$ (kcal $\cdot$ mol^{-1})
O_2	R231	−186.10(−44.449)	9.06(2.164)
—	R232	−136.45(−32.591)	4.38(1.046)
HO_2	R233	−217.06(−51.843)	24.01(5.735)
—	R234	−62.19(−14.853)	160.51(38.336)
—	R235	259.03(61.868)	257.86(61.588)
H	R237	−368.26(−87.958)	1.26(0.302)
H	R2311	−226.85(−54.182)	−249.16(−59.510) IM 见表 5-2 和表 5-3
F	R2312	47.75(11.406)	195.96(46.804)
Cl	R2313	34.22(8.174)	220.93(52.769)
—	R2318	−73.52(−17.559)	170.13(40.636)

余下的主要通道还有两条：一条产物是经 CF_2Cl（OOH）形成 COF_2，包括

两条途径，三个子通道，但因通道 R234 不具竞争力、通道 R236 计算不收敛而不可信；另一条的产物是 CF_2ClO，有两条途径，R233、R237、R2311 三个子通道。CF_2ClO 非常不稳定，其反应在第四组中讨论。根据以上讨论，由反应 R231、R233、R237、R2311 组成的通道使 CF_2Cl 变成 CF_2ClO，是本组反应的主导通道。

3.2.2.4 生成 $CF_2Cl(OH)/CF_2ClO$ 及后续反应

本组共考虑 8 个反应，标注为 R241~R248（参见附录 B：2.4 组），计算结果 8 个反应均在基态势能面上收敛。本组反应的数量不多，但反应历程却比较复杂，图 3-4 给出了详细过程。

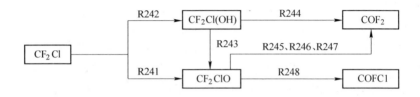

图 3-4　第四组反应途径示意图

根据计算结果（参见表 3-7、附录 C），比较产生 CF_2ClO 的两个通道，由 R242、R243 组成的通道不仅反应步骤比通道 R241 多，而且每步反应的能垒均比 R241 高，故反应的主要通道是 R241。从计算过程看，CF_2ClO 非常不稳定，其脱卤反应进行得很容易，形成 COF_2 和 COFCl。脱氯产物是 COF_2，有两个无能垒通道和一个低能垒通道；COFCl 是脱氟产物，只有一个低能垒通道。从通道数量判断，CF_2ClO 的反应产物将以 COF_2 为主。综合以上分析，本组反应的主要通道见图 3-5。

表 3-7　第四组反应通道计算得到的活化能 E_a 及反应热 E_r

参与反应的其他物种	反　应	$E_r/kJ \cdot mol^{-1}$ ($kcal \cdot mol^{-1}$)	$E_a/kJ \cdot mol^{-1}$ ($kcal \cdot mol^{-1}$)
O	R241	−12.02(−2.872)	6.33(1.513)
OH	R242	−374.74(−89.506)	92.64(22.126)
OH	R243	27.49(6.565)	41.36(9.879)
—	R244	20.40(4.872)	118.87(28.391)
OH	R245	−315.12(−75.265)	24.73(5.907)
H	R246	−538.19(−128.545)	66.49(15.880)
—	R247	−189.16(−45.180)	0.82(0.195)
—	R248	−11.85(−2.831)	7.10(1.695)

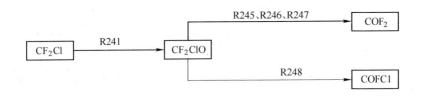

图 3-5　第四组反应主要通道示意图

3.2.2.5　与甲基自由基反应生成 CF_2ClCH_3 及其后续反应

本组共考虑三个反应，标注为 R251～R253（参见附录 B：2.5 组），计算结果三个反应均在基态势能面上收敛。

计算结果（参见表 3-8、附录 C）显示，除 R251 外（产物是卤代乙烷），本组反应能垒高，且为明显的吸热反应，反应通道阻力较大，在 CFC-12 分解机理中本组通道仅保留了 R251。

表 3-8　第五组反应通道计算得到的活化能 E_a 及反应热 E_r

参与反应的其他物种	反应	$E_r / kJ \cdot mol^{-1}$ (kcal·mol^{-1})	$E_a / kJ \cdot mol^{-1}$ (kcal·mol^{-1})
CH_3	R251	$-0.13(-0.031)$	15.01(3.586)
—	R252	130.23(31.105)	234.05(55.901)
—	R253	322.38(76.998)	546.49(130.526)

3.2.2.6　CF_2/CFCl 的反应

本组研究的中心物种是两种具有相似结构与性质的二卤卡宾：CF_2 和 CFCl，共考虑 54 个与它们有关的反应通道，标注为反应 R261～R2654（参见附录 B：2.6 组）。本组内可能的平行反应通道多，下面分别按 CF_2 和 CFCl 进行讨论。

CF_2 经 22 个通道可能形成 9 种产物，反应历程非常复杂，详见图 3-6。计算结果 15 个反应收敛，反应的活化能及反应热列于表 3-9 中。R265、R266、R2612、R2614、R2618、R2621、R2622 等七个反应不收敛。

根据计算结果（参见表 3-9、附录 C），15 个收敛反应通道产生 7 种产物，其中通道 R267、R2611 的能垒较高，尤其通道 R2611，其能垒高达 466.41kJ/mol，且反应吸热量达 376.81kJ/mol，也非常高，在其余大量低能垒反应通道的竞争下，这种反应通道是次要的。在可行通道中，OH、H、O、HO_2、CH_2、CH_3 等自由基均有自己的优势通道，形成各种不同的产物。本组通道中，烃基自由基具有非常重要的作用，CH_3 可以通过卡宾取代机理（R261）和卡宾插入机理（R268）两条通道与二氟卡宾 CF_2 发生反应，分别形成 CF_2CH_2 和 CHF_2CH_2，而 CH_2 则可以直接与二氟卡宾 CF_2 发生聚合机理反应（R2617），其产物与 CH_3 自

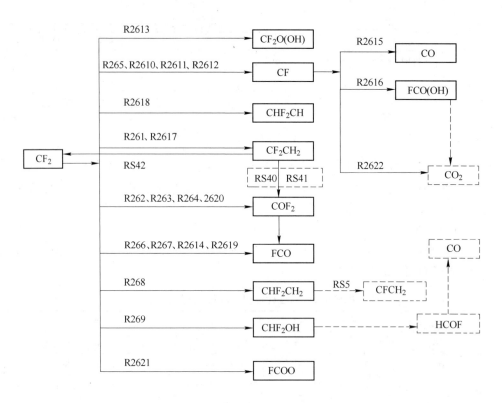

图 3-6 CF$_2$ 反应可能途径示意图（虚线部分非本组反应）

由基的卡宾取代机理（R261）产物相同，均为二氟乙烯（CF$_2$CH$_2$），这是本组反应的主要产物之一。另外本组还有一条重要的反应通道即二氟卡宾 CF$_2$ 的水解通道（R269），该通道能垒为 37.47kJ/mol，同时放出 304.25kJ/mol 的热量，这些热量已远超过反应所需的水平，故该通道的反应也是很容易进行的，水解产物是二氟甲醇（CHF$_2$(OH)），在后面我们将看到，它会进一步反应形成 CO（RS43、RS44）。

表 3-9 第六组反应通道计算得到的活化能 E_a 及反应热 E_r

参与反应的 其他物种	反 应	$E_r/\text{kJ} \cdot \text{mol}^{-1}$ （kcal $\cdot$ mol^{-1}）	$E_a/\text{kJ} \cdot \text{mol}^{-1}$ （kcal $\cdot$ mol^{-1}）
CH$_3$	R261	$-123.05(-29.390)$	$-35.14(-8.394)$ IM 见表 5-2 和表 5-3
OH	R262	$82.52(19.709)$	$84.44(20.169)$
HO$_2$	R263	$-162.68(-38.855)$	$3.79(0.905)$
O	R264	$-790.54(-188.818)$	$0.59(0.141)$

参与反应的其他物种	反 应	$E_r/\text{kJ} \cdot \text{mol}^{-1}$ ($\text{kcal} \cdot \text{mol}^{-1}$)	$E_a/\text{kJ} \cdot \text{mol}^{-1}$ ($\text{kcal} \cdot \text{mol}^{-1}$)
OH	R267	48.81(11.659)	145.65(34.789)
CH_3	R268	−337.82(−80.686)	2.04(0.487)
H_2O	R269	−304.24(−72.667)	37.45(8.945)
H	R2610	−60.39(−14.425)	3.69(0.882)
CH_3	R2611	376.90(90.022)	466.55(111.434)
HO_2	R2613 （没找到 IM 舍去）	−274.12(−65.473)	−158.13(−37.769)
OH	R2615	−92.43(−22.076)	87.29(20.849)
HO_2	R2616	−836.27(−199.740)	4.63(1.107)
CH_2	R2617	−736.44(−175.896)	1.14(0.273)
O_2	R2619	55.69(13.301)	52.12(12.448)
O_2	R2620	−113.50(−27.108)	1.06(0.252)
—	R2623	309.00(73.803)	305.51(72.971)
H	R2625	−124.47(−29.729)	261.08(62.359)
H	R2626	−125.94(−30.081)	349.54(83.486)
O	R2627	−807.27(−192.813)	1.15(0.274)
O	R2628	−480.97(−114.878)	195.80(46.765)
O	R2629	−376.54(−89.934)	358.18(85.551)
O	R2628a	−70.35(−16.803)	217.52(51.954)
O	R2629a	117.67(28.106)	365.52(87.304)
CH_3	R2630	−141.00(−33.678)	−147.04(−35.120)
CH_3	R2631	−362.53(−86.588)	1.33(0.317)
CH_3	R2632	−76.51(−18.275)	8.07(1.927)
CH_3	R2633	−33.61(−8.027)	64.77(15.469)
OH	R2634	−256.68(−61.307)	546.88(130.619)
OH	R2635	92.25(22.033)	265.58(63.432)
HO_2	R2641	−290.22(−69.318)	645.43(154.159)
H_2O	R2645	−315.60(−75.379)	22.13(5.286)
O_2	R2646	−175.21(−41.847)	11.89(2.841)
CH_3	R2654	−403.14(−96.288)	0.26(0.061)
HO_2	R2655	−601.56(−143.679)	241.26(57.624)
OH	R2656	−408.41(−97.548)	3.08(0.735)
—	R2657	154.59(36.924)	141.56(33.812)

在 CF_2 的反应产物中，生成 COF_2 的低能垒路径是最多的，它们是 R262、R263、R264 和 R2620，后三条路径都近乎是无能垒的放热通道，再加一个能垒稍高的通道 R262（能垒84.57kJ/mol），这保证了 COF_2 成为本组反应的最主要产物。CF_2 可直接生成 FCO，也可经 COF_2 再形成 FCO，两者是竞争通道。COF_2 生成 FCO 的通道在第八组反应中讨论，接下来考察本组由 CF_2 形成 FCO 的通道。在计算收敛的通道中，可以得到 FCO 的是 R267 和 R2619，两个反应的能垒分别是 145.66kJ/mol、52.13kJ/mol，并分别需要吸收 48.82kJ/mol 和 55.68kJ/mol 的热量，反应热效应属于比较低的一类。通道 R2619 的能垒很接近我们的筛选标准，这样看来，可以保留它为一个次要通道。

总之，二氟卡宾是非常活泼的物种，能与包括水在内的燃烧场中的许多物种发生快速反应，从本研究来看，主要低能垒反应子通道有 10 个，产物有 6 种，生成 COF_2 和 CF_2CH_2 的反应是主要通道，详见图3-7。

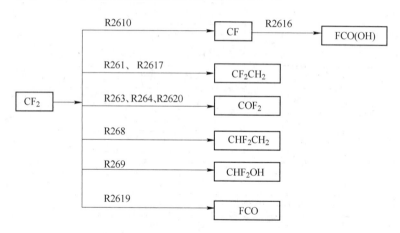

图3-7 CF_2 主要低能量反应通道示意图

CFCl 经42 个子通道可能形成 13 种产物。计算结果 21 个反应收敛，反应的活化能及反应热列于表3-9 中。CFCl 也是一种卡宾，其结构、性质与 CF_2 大同小异，可对之进行类似于 CF_2 的分析。筛选后主要低能量反应通道见图3-8。CFCl 的产物比较分散，有七种之多，除 FCO、COFCl 等主要物种外，还生成 CHFClCH_2、CFClCH_3 等含氢氯氟烃（HCFCs）类物质。COF_2 和 CF_2CH_2 的反应是本组反应的主要通道。

3.2.2.7 COFCl/COHF 的反应

本组共考虑 21 个反应，标注为 R271 ~ R2721（参见附录 B：2.7组）,其中，R271 ~ R2713 为 COFCl 的分解反应；R271 ~ R2721 为 COHCl 的分解反应。经过前面的讨论，我们知道 COFCl 主要由 CF_2ClO 经通道 R248 得到，它的分解方向有三个：第一，水解，包括子通道 R271、R272、R273、R2712、R2713；第二，

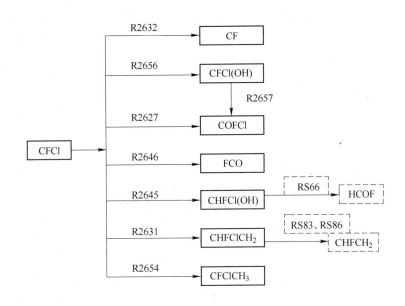

图 3-8　CFCl 主要低能量反应通道示意图

脱氯，包括子通道 R274、R276、R278、R2710；第三，脱氟，包括子通道 R275、R277、R279、R2711，计算结果有十个反应收敛。同样，COHCl 的分解方向也有水解、脱氢和脱氟三个方向，计算结果有三个反应收敛。

根据计算结果（参见表 3-10），本组反应特征明显。水解通道中，R273 是低能垒放热通道，R271 虽反应放出的能量较大，但能垒也较高，相比较而言，脱氟水解通道 R273 更占优势，是水解反应的主要通道；在其他通道中，脱氟通道的能垒均很高，且明显高于相应脱氯通道的能垒，脱氯通道中也只有 R274、R276 的能垒低，为本组反应的另外两个主要通道。

表 3-10　第七组反应通道计算得到的活化能 E_a 及反应热 E_r

参与反应的其他物种	脱 氯 通 道			脱 氟 通 道		
	反应	$E_r/kJ \cdot mol^{-1}$ (kcal·mol^{-1})	$E_a/kJ \cdot mol^{-1}$ (kcal·mol^{-1})	反应	$E_r/kJ \cdot mol^{-1}$ (kcal·mol^{-1})	$E_a/kJ \cdot mol^{-1}$ (kcal·mol^{-1})
H_2O	R271	-100.61(-24.031)	80.65(19.263)	R273	-102.81(-24.406)	11.63(2.777)
H	R274	-55.61(-13.282)	0.65(0.155)	R275	-116.25(-27.766)	349.09(83.379)
O	R276	54.58(13.036)	38.18(9.120)	R277	213.45(50.982)	210.82(50.354)
OH	R278	167.00(39.888)	157.12(37.528)	R279	293.14(70.016)	284.61(67.978)
HO_2	R2710	266.55(63.664)	295.81(70.652)	R2711	327.30(78.174)	346.03(82.647)
H_2O	R2715	-1.11(-0.265)	242.14(57.833)	R2714	-105.72(-25.251)	5.85(1.398)
H	R2716	13.71(3.275)	8.55(2.043)	R2717	-71.55(-17.090)	4.17(0.995)

COHCl 的分解子通道中，与 H 自由基反应的 R2716、R2717 两个是低能垒的，产物分别是脱氢和脱氟得到的 FCO 和 HCO；另外还有一个水解脱氟通道 R2714 是低能垒放热通道。

3.2.2.8 COF₂ 的反应

本组共考虑七个反应通道，标注为 R281 ~ R287（参见附录 B：2.8 组），计算结果仅四个反应收敛，其基本能量数据见表 3-11。

与 COFCl 类似，COF₂ 的基本分解方向为水解和自由基脱卤。在收敛通道中，R281 为水解通道，R282、R285、R286 为一般自由基反应通道，由计算结果看（参见表 3-11、附录 C），本组反应的最优通道为水解反应通道 R281，其他反应通道能垒偏高，尤其通道 R285、R286 的能垒分别高达 286.13kJ/mol 和 356.80kJ/mol，同时反应还要吸收大量热量，其在反应竞争中的劣势不言自明。因此，本组反应选取的主要通道是 COF₂ 的无能垒水解过程 R281。

表 3-11 第八组反应通道计算得到的活化能 E_a 及反应热 E_r

参与反应的其他物种	反 应	$E_r/\text{kJ} \cdot \text{mol}^{-1}$ (kcal·mol⁻¹)	$E_a/\text{kJ} \cdot \text{mol}^{-1}$ (kcal·mol⁻¹)
H₂O	R281	-102.97(-24.594)	-17.09(-4.083) IM 见表 4-2 和表 4-3
H	R282	-28.63(-6.839)	117.60(28.088)
OH	R285	276.46(66.031)	286.11(68.336)
HO₂	R286	345.20(82.450)	356.79(85.218)

3.2.2.9 FCO/ClCO 的反应

本组共考虑 28 个反应，标注为 R291 ~ R2928（参见附录 B：2.9 组），其中通道 R291 ~ R2911 及 R2923 ~ R2928 是 FCO 的有关反应，有六个不收敛，R291 计算不收敛，其活化能摘自文献［32］，为实验数据；通道 R2912 ~ R2922 是 ClCO 的有关反应，根据第七组反应 R274 ~ R2711 的讨论结果，前体物中已经没有 ClCO，因此，有关 ClCO 的反应已无讨论必要。

根据计算结果（参见表 3-12），R292、R294、R295、R297 等四个通道均为低能垒放热反应，为 FCO 的主要反应通道。其中，通道 R297 的产物为 FCOCH₃，它很稳定，R2923、R2924、R2925、R2927 等后续反应的能垒都很高，均在 418.68kJ/mol 左右，所以这个反应通道阻力太大；R292、R294、R295 等三个通道的产物均为 CO。故本组反应的最主要通道是形成 CO 的三个反应通道 R292、R294、R295。

表 3-12　第九组反应通道计算得到的活化能 E_a 及反应热 E_r

参与反应的 其他物种	反　应	$E_r/kJ \cdot mol^{-1}$ （kcal·mol^{-1}）	$E_a/kJ \cdot mol^{-1}$ （kcal·mol^{-1}）
—	R291	不收敛	125.60（30.0[①]）
H	R292	362.27（−86.527）	0.39（0.094）
O	R293	−82.54（−19.714）	222.08（53.044）
OH	R294	−0.22（−0.053）	2.56（0.611）
CH$_3$	R295	−347.62（−83.028）	27.89（6.662）
HO$_2$	R296	26.08（6.229）	105.87（25.286）
CH$_3$	R297	−540.58（−129.116）	12.68（3.028）
—	R298	147.17（35.150）	237.74（56.784）
—	R2923	194.20（46.384）	427.66（102.146）
O	R2924	−457.88（−109.362）	402.15（96.052）
F	R2925	−14.39（−3.437）	434.57（103.796）
F	R2927	24.06（5.746）	411.79（98.355）

① R291 计算不收敛，其 E_a 值出自文献［32］，为实验值。

3.2.2.10　其他中间反应

本组共考虑 123 个反应，标注为 RS1 ~ RS114，RS40a，RS40b，RS42a，RS44a 等（参见附录 B：2.10 组），涉及 HOCl、ClO、ClF、HOF、FO、CF$_2$CH$_2$、CH$_3$Cl 等，CFC-12 分解过程中产生的副产物及中间产物的分解及生成 CO 的反应。根据计算结果（参见表 3-13、附录 C），各物种均有合适的低能垒通道进行反应，分解产物集中指向 HCl、HF、CO、FCO（OH）及 ClCO（OH）等少数几个物种。

表 3-13　第十组反应通道计算得到的活化能 E_a 及反应热 E_r

中心物种	参与反应 的其他物种	反　应	$E_r/kJ \cdot mol^{-1}$ （kcal·mol^{-1}）	$E_a/kJ \cdot mol^{-1}$ （kcal·mol^{-1}）
FCOOOH	—	RS3	446.16（106.564）	538.82（128.696）
COOO	—	RS4	−9.69（−2.314）	14.66（3.501）
CHF$_2$CH$_2$	—	RS5	142.69（34.082）	179.50（42.874）
HOCl	H	RS6	−300.02（−71.659）	1.46（0.348）
HOCl	H	RS8	−63.35（−15.131）	2.65（0.634）
HOCl	OH	RS9	−172.40（−41.177）	10.86（2.593）
HOCl	Cl	RS12	5.65（1.349）	3.64（0.869）

中心物种	参与反应的其他物种	反 应	$E_r/\text{kJ} \cdot \text{mol}^{-1}$ (kcal·mol^{-1})	$E_a/\text{kJ} \cdot \text{mol}^{-1}$ (kcal·mol^{-1})
HOCl	Cl	RS13	-60.58(-14.470)	0.74(0.177)
HOCl	HO$_2$	RS14	141.38(33.769)	141.74(33.855)
ClO	H$_2$	RS16	-238.27(-56.911)	131.37(31.378)
ClO	H	RS17	-91.23(-21.789)	51.12(12.210)
ClO	O	RS18	57.34(13.696)	55.86(13.342)
ClO	OH	RS20	-187.54(-44.794)	-155.12(-37.050)
HOF	H	RS22	-421.26(-100.617)	19.22(4.591)
HOF	H	RS24	-112.86(-26.955)	2.22(0.530)
HOF	O	RS26	-124.78(-29.802)	392.00(93.627)
HOF	Cl	RS28	22.95(5.482)	378.69(90.449)
HOF	Cl	RS29	21.88(5.227)	158.38(37.828)
HOOF	—	RS31	-104.88(-25.050)	93.08(22.232)
HOOCl	—	RS15	33.86(8.088)	116.30(27.778)
CH$_3$Cl	H	RS45	-29.19(-6.972)	9.04(2.160)
CH$_3$Cl	OH	RS46	191.52(45.743)	181.05(43.243)
ClF	H	RS32	-323.09(-77.169)	4.94(1.179)
ClF	H	RS33	-250.38(-59.803)	132.19(31.572)
ClF	OH	RS34	-73.31(-17.509)	0.05(0.011)
ClF	OH	RS52	-44.62(-10.657)	212.19(50.681)
FO	H	RS36	-298.47(-71.288)	6.64(-1.586)
FO	O	RS37	-359.42(-85.846)	31.93(7.627)
FO	OH	RS38	-187.92(-44.883)	-0.45(-0.107)
COCH$_2$	HO$_2$	RS54	-359.74(-85.923)	9.13(2.180)
CF$_2$CH$_2$	OH	RS40a	-205.58(-49.103)	17.32(4.138)
CF$_2$CH$_2$		RS40b	-19.33(-4.616)	90.66(21.654)
CF$_2$CH$_2$		RS40c	110.33(26.353)	107.55(25.687)
CF$_2$CH$_2$	O	RS41	-59.65(-14.248)	5.08(1.213)
CF$_2$CH$_2$		RS42a	-484.54(-115.730)	70.90(16.934)
CF$_2$CH$_2$		RS42b	300.23(71.708)	299.07(71.431)
CF$_2$CH$_2$	O	RS42	-163.00(-38.933)	658.00(157.161)
CHF$_2$(OH)	—	RS43	36.33(8.678)	156.21(37.309)
HCOF	—	RS44	119.19(28.468)	215.25(51.411)
HCOF	OH	RS44a	-74.96(-17.904)	509.68(121.734)

中心物种	参与反应的其他物种	反 应	$E_r/\text{kJ} \cdot \text{mol}^{-1}$ (kcal·mol^{-1})	$E_a/\text{kJ} \cdot \text{mol}^{-1}$ (kcal·mol^{-1})
HCOF	H$_2$O	RS44c	−7.26(−1.734)	246.45(58.864)
HCOF	HO$_2$	RS44d	102.07(24.379)	85.78(20.488)
CHF$_2$CH$_2$	H	RS58	−362.41(−86.560)	193.47(46.209)
CHF$_2$CH$_2$	OH	RS59	−399.74(−95.476)	−62.19(−14.854)
CHFCl(OH)	—	RS65	88.58(21.156)	340.14(81.240)
CHFCl(OH)	—	RS66	45.62(10.895)	43.23(10.325)
HCOF	—	RS68	119.21(28.473)	215.24(51.410)
HCOF	OH	RS69	−52.77(−12.605)	452.81(108.153)
HCOF	F	RS71	−83.73(−19.999)	11.70(2.794)
CHFClCH$_2$	H	RS82	−334.36(−79.861)	209.17(49.959)
CHFClCH$_2$	H	RS83	−446.43(−106.627)	−41.18(−9.836)
CHFClCH$_2$	OH	RS84	55.78(13.324)	140.32(33.515)
CHFClCH$_2$	OH	RS85	−272.54(−65.095)	191.56(45.753)
CHFClCH$_2$	OH	RS86	−100.73(−24.060)	18.61(4.444)
CFClCH$_2$	O	RS88	−58.78(−14.040)	0.66(0.157)
CHFCH$_2$	O	RS89	−488.85(−107.207)	48.25(11.525)
CHFCH$_2$	—	RS90	415.07(99.137)	387.26(92.495)
CHFCH$_2$	—	RS91	412.88(98.615)	412.75(98.583)
CHFCH$_2$	—	RS92	322.60(77.052)	322.17(76.949)
CHFCH$_2$	OH	RS93	−182.87(−43.677)	0.53(0.126)
CHFCH$_2$	—	RS94	−45.95(−10.974)	85.02(20.306)
CHFOHCH$_2$	—	RS96	79.52(18.993)	65.12(15.554)
CHFCH$_2$	OH	RS97	16.28(3.889)	512.12(122.317)
CFClCH$_3$	O	RS100	−325.48(−77.740)	404.25(96.554)
CFClCH$_3$	OH	RS102	−206.50(−49.322)	461.53(110.235)
CFClCH$_3$	Cl	RS104	−58.02(−13.859)	283.67(67.753)
CFClCH$_3$	OH	RS105	374.65(−89.484)	0.49(0.116)
CFCl(OH)CH$_3$	—	RS107	24.03(5.739)	16.03(3.828)
CFClCH$_3$	OH	RS108	144.79(34.583)	295.44(70.565)
HCO	H	RS110	−299.03(−71.421)	33.74(8.058)
H$_2$	Cl	RS115	106.51(25.440)	110.08(26.291)
Cl$_2$	H	RS116	−221.40(−52.880)	7.83(1.869)
Cl	H	RS117	−420.73(−100.489)	51.39(12.275)
F	H	RS118	−509.01(−121.574)	24.14(5.766)

3.2.2.11 生成 CO_2 的反应

生成 CO_2 的反应为 CFC-12 分解的最后一步，大部分反应在整个链式反应机理中充当链终止的角色。这些反应有 25 个，标注为 R31~R325（参见附录 B：第三组）。计算结果：反应 R35、R37 等反应的计算不收敛，其余 13 个收敛，主要数据见表 3-14。

表 3-14 生成 CO_2 的反应通道计算得到的活化能 E_a 及反应热 E_r

中心物种	参与反应的其他物种	反 应	$E_r/kJ \cdot mol^{-1}$ (kcal·mol^{-1})	$E_a/kJ \cdot mol^{-1}$ (kcal·mol^{-1})
FCO(OH)	—	R31	9.67(2.310)	48.62(11.612)
FCO	OH	R32	-10.70(-2.555)	111.59(26.652)
COOO	—	R33	-11.28(-2.693)	1.0(0.241)
FCOOOH	—	R34	62.04(14.819)	215.92(51.572)
COOO	H	R36	-627.4(-149.853)	-144.62(-34.541)
FCO	O	R39	-453.39(-108.290)	213.37(50.939)
CO	OH	R310	-192.76(-46.040)	2.95(0.705)
CO	O_2	R311	-47.75(-11.406)	2.80(0.668)
CO	O	R312	-705.05(-168.399)	1.50(0.358)
CO	HO_2	R313	245.05(-58.530)	51.36(12.266)
ClCO(OH)	—	R314	-14.54(-3.474)	92.36(22.060)
HCO	O	RS324	-424.33(-101.349)	35.18(8.402)
HCO(OH)	—	RS325	10.76(2.571)	254.64(60.820)

根据计算结果（参见表 3-14），CO、FCO(OH)及 ClCO(OH)等少数几个物种均能够非常顺利地进行下一步反应，且主要产物均为 CO_2，尤其是 CO 转化为 CO_2 的通道多、能垒低、放热量大，历来是可燃物质燃烧放热的主要反应，由计算结果得到的这一结论与许多研究结果及实验事实是一致的。

综上，已将附录 B 中的所有反应都进行了理论计算，根据理论计算结果可以清晰地看出：

（1）CFC-12 在 LPG 燃烧场中的分解反应机理较其自身的直接分解发生了极大改变。其初始分解步骤由本身单一的光化学反应通道变成了多个热化学反应通道，使 CFC-12 的分解变得容易且快速。

（2）凡同时含有 F、Cl 的物种，在反应中一般均是脱氯通道更具优势一些，这与一般的自由基反应有所区别，但 H、CH_3 在与 CF_2Cl 反应时并没有显示出什么选择性，使 CF_2Cl 的分解同时具有脱氟和脱氯两条优势通道。脱氟的产物是 CFCl，它很容易水解并按 $CFCl + H_2O \rightarrow CHFCl(OH) \rightarrow HCOF \rightarrow FCO/HCO \rightarrow CO$

→CO_2 的路径分解成最终产物二氧化碳，该路径的控制步骤是 HCOF 脱 HF 生成 CO，或者是 HCOF→FCO，前者要克服一个 215.2kJ/mol 的能垒，而后者可能受限于体系中 F 自由基的低浓度。同时还有另一条低能垒路径，即 CFCl→CF→CO/FCO(OH)→CO_2，它步骤少而子通道多，更具竞争力。

（3）CF_2Cl_2 一旦脱氯形成 CF_2Cl 自由基后，就非常容易被 O_2 分子捕捉。O_2 捕捉 CF_2Cl 后的两个反应子通道 R221、R231 的能垒分别为 0.75kJ/mol、9.04kJ/mol，反应热分别为 −260.96kJ/mol、−186.10kJ/mol，产物分别是 COF_2 和 CF_2ClO_2。两个子通道都显示了极强的竞争力，丰富了反应机理中的通道数量，在 CFC-12 的分解中具有重要意义。

（4）二卤卡宾与 CH_3、CH_2 等自由基的反应（如 R261、R268、R2630、R2631、R2654 等）很容易就形成了一些含氢氯氟烃类物质（HCFCs），它们大都具有可燃性，本身的分解比 CFC-12 容易，本书简单地考虑了它们的氧化机理，相关反应为 R252、R253、RS5、RS40 ~ RS48、RS57 ~ RS59。若其后续反应有速率控制步骤，则 CF_2、COF_2、COFCl 等很容易与 CFC-12 和其他氟氯烃类物质在燃烧场中建立一种平衡。

其中，比较重要的是二氟卡宾 CF_2，它可直接生成 FCO，也可经 COF_2 再形成 FCO，两者相互竞争。在第八组反应中，COF_2 生成 FCO 的通道已被淘汰（R282），而第六组由 CF_2 形成 FCO 的通道仅保留了 R2619 一个，该通道能垒是 52.13kJ/mol，反应需要吸收 55.68kJ/mol 的热量。相比较而言，CF_2→COF_2 通道多，后续反应能垒低，是 CF_2 分解的优势通道。CFCl 也存在着相似的反应通道，只是其能垒要高一些。

（5）从 4.4.2 小节中的第七组和第八组研究 COF_2、COFCl、COHF 三个重要物种的结果来看，三者虽然结构相似，但随着 H 原子的引入，其分解反应的优势通道发生了很大变化。COF_2 的无能垒水解子通道 R218 是其分解的主要路径，与 COF_2 类似，COFCl 的主要反应路径是低能垒放热水解子通道 R273，水解反应在重要物种 COX_2（X = F、Cl）的众多分解子通道中具有很强的竞争优势，占有重要地位。与此不同，COHCl 的分解子通道中水解脱氢能垒较高，为 242.12kJ/mol（R2715），远高于与 H 自由基反应的 R2716、R2717 两个低能垒通道（其能垒分别为 8.55kJ/mol、4.17kJ/mol），但水解脱卤通道（R2714）仍是畅通的，能垒为 5.86kJ/mol。

（6）经过考察的所有低能垒通道中，以下十条路径是反应步骤比较少的，具有很好的代表性：

$$CF_2Cl_2 \rightarrow CF_2Cl \rightarrow COF_2 \rightarrow FCO(OH) \rightarrow CO_2 \qquad (3\text{-}2)$$

$$CF_2Cl_2 \rightarrow CF_2Cl \rightarrow CF_2 \rightarrow CF \rightarrow CO/FCO(OH) \rightarrow CO_2 \qquad (3\text{-}3)$$

$$CF_2Cl_2 \rightarrow CF_2Cl \rightarrow CF_2 \rightarrow FCO \rightarrow CO \rightarrow CO_2 \qquad (3\text{-}4)$$

$$CF_2Cl_2 \rightarrow CF_2Cl \rightarrow CF_2 \rightarrow COF_2 \rightarrow FCO(OH) \rightarrow CO_2 \tag{3-5}$$

$$CF_2Cl_2 \rightarrow CF_2Cl \rightarrow CF_2ClO \rightarrow COF_2 \rightarrow FCO(OH) \rightarrow CO_2 \tag{3-6}$$

$$CF_2Cl_2 \rightarrow CF_2Cl \rightarrow CF_2ClO_2 \rightarrow CF_2ClO \rightarrow COF_2 \rightarrow FCO(OH) \rightarrow CO_2 \tag{3-7}$$

$$CF_2Cl_2 \rightarrow CF_2Cl \rightarrow CFCl \rightarrow FCO \rightarrow CO \rightarrow CO_2 \tag{3-8}$$

$$CF_2Cl_2 \rightarrow CF_2Cl \rightarrow CFCl \rightarrow CF \rightarrow CO/FCO(OH) \rightarrow CO_2 \tag{3-9}$$

$$CF_2Cl_2 \rightarrow CF_2Cl \rightarrow CFCl \rightarrow CHFCl(OH) \rightarrow HCOF \rightarrow HCO \rightarrow CO_2 \tag{3-10}$$

$$CF_2Cl_2 \rightarrow CF_2Cl \rightarrow CFCl \rightarrow COFCl \rightarrow FCO \rightarrow CO \rightarrow CO_2 \tag{3-11}$$

反应步骤最少的路径是（3-2），CF_2Cl_2 仅需要四个步骤就能彻底分解为 CO_2。前两个步骤是自由基反应，通道很多。其中，第一步是 CF_2Cl_2 分子脱氯，这是最为关键的一步，共有 5 个低能垒子通道，能垒最高的是与 H 反应的子通道 R18，能垒 39.23kJ/mol，最低的是与 CH_3 反应的子通道 R110，这是一个无能垒通道，甲基与 CF_2Cl_2 可形成一个比较稳定的中间体 $ClF_2C\cdots Cl\cdots CH_3$，其能量比过渡态结构低 20.1kJ/mol，过渡态能量比反应物还低 34.83kJ/mol，另外三个子通道的能垒在 8.25～11.6kJ/mol 之间，5 个子通道中有 3 个放热，放热最大的是与 O 反应的子通道 R16，热效应 –349.72kJ/mol，两个吸热子通道是 R11 和 R14，吸热最大的是与 Cl 反应的 R14，吸热量 120.04kJ/mol。第二步是 CF_2Cl 与含氧物种反应脱氯生成 COF_2 的过程，共有 3 个低能垒子通道，能垒最高的是与 OH 反应的子通道 R223，能垒 29.48kJ/mol，这也是 3 个子通道中唯一吸热的，热效应并不明显，为 24.70kJ/mol，另两个子通道分别是与 O_2 和 O 反应的 R221、R222，能垒为 0.75kJ/mol、7.03kJ/mol，热效应分别为 –260.96kJ/mol、–11.93kJ/mol。本路径的第三步是 COF_2 的水解，仅有一个子通道 R281，这也是一个无能垒通道，COF_2 很容易与 H_2O 结合，形成一个比较稳定的中间体 $CF_2(OH)_2$，其能量比过渡态结构低 78.17kJ/mol，过渡态能量比反应物还低 17.08kJ/mol，之后脱去一个 HF 形成产物 FCO(OH)，该反应还同时放出 102.59kJ/mol 的热量；其他自由基与 COF_2 反应的通道均比本水解通道能垒高很多，水解反应显示出极高的竞争力。本路径的最后一步是 FCO(OH) 脱 HF 形成最终产物 CO_2 的过程，只有一个子通道 R31，该通道是一个单分子离解反应，能垒 48.61kJ/mol，热效应 9.67kJ/mol，在整个反应路径中是能垒最高的一步，是反应速率控制步骤，但就化学反应来说，一个 48.61kJ/mol 的能垒还是很低的，在常温下就能很快完成，所以，路径（3-2）是一个很容易完成的过程，它的前半部是自由基反应机理，后半部是水解反应。本路径的反应机理可表示如图 3-9 所示，用 IUPAC 表示法记为 $D_R + A_N D_R + A_N A_h D_R D_{xh} + A_N D_R D_{xh}^{SS}$，与此机理相似的还有路径（3-5）、（3-6）、（3-7）、（3-10）等。

与上述自由基 + 水解机理不同，还有很多路径是没有水解反应参与的，例如

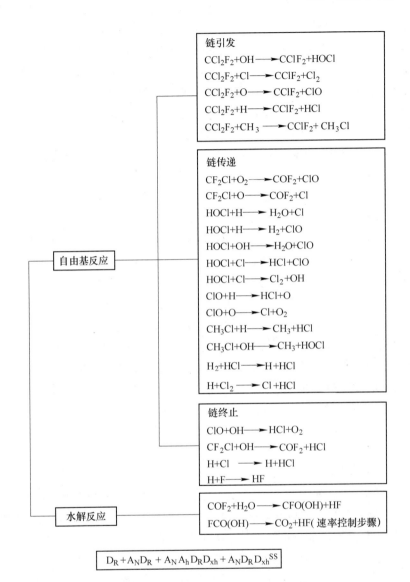

图 3-9 路径（3-2）反应机理

路径(3-3)、(3-4)、(3-8)、(3-9)、(3-11)等，它们仅涉及自由基反应，这类反应与自由基 + 水解类反应可视为两大类互相竞争的反应。下面以子通道数量相对较多的路径（3-4）为例来说明其反应过程。

　路径（3-4）有 5 个反应步骤。其中第一步与路径（3-2）的第一步是相同的（CF_2Cl_2 分子脱氯），共有 5 个低能垒子通道，在此不再赘述。第二步也是 CF_2Cl 脱氯，但其产物与路径（3-2）的第二步不同，是二氟卡宾 CF_2，共有 4 个低能垒子通道，它们分别是 CF_2Cl 与 Cl、H、OH、O 的反应通道 R212、R213、R214、

R2113，其能垒分别是 17.84kJ/mol、2.89kJ/mol、8.08kJ/mol、2.39kJ/mol，反应热效应分别为 16.29kJ/mol、0.42kJ/mol、13.02kJ/mol、-166.63kJ/mol，4 个子通道的能垒都很低且吸热反应的吸热量最大才 16.29kJ/mol，几乎可以忽略；本步骤还有一个与甲基自由基 CH_3 的反应通道 R216，其能垒稍高于筛选标准，为 54.43kJ/mol，热效应 -156.21kJ/mol，也是一个容易反应的通道。第三步是 CF_2 与含氧物种反应生成 FCO 的过程，低能垒通道仅有与氧分子 O_2 反应脱氟的 R2619，能垒 52.13kJ/mol，热效应 55.68kJ/mol；正如前面讨论的那样，二卤卡宾与 CH_3、CH_2 等自由基更容易反应形成一些 HCFCs，对 CF_2 来说，更具优势的通道存在于 CF_2 转化为 COF_2 的过程中，且通道数量多，因此，路径（3-4）的第三步反应面临非常激烈的竞争，且在竞争中不占优势。本路径的第四步反应实现了向 CO 的转化，存在有三个能垒不足 4.19kJ/mol 的子通道，全为放热反应，它们分别是 FCO 与 H、OH、CH_3 的反应通道 R292、R294、R295，反应会进行得非常容易。本路径的最后一步是 CO 形成最终产物 CO_2 的过程，有 4 个子通道，它们分别是 CO 与 OH、O_2、O、HO_2 的反应通道 R310、R311、R312、R313，其能垒分别是 2.97kJ/mol、2.81kJ/mol、1.51kJ/mol、51.37kJ/mol，反应热效应分别为 -192.76kJ/mol、-47.77kJ/mol、-705.06kJ/mol、-245.05kJ/mol，4 个子通道的能垒都很低且均会放出大量的热，燃烧领域对这四个基元反应的研究是很成熟的，众所周知，CO 与 OH 的反应通道 R310 是 CO 转化为 CO_2 最快速、最重要的通道。本路径的反应机理用 IUPAC 表示法记为 $D_R + D_R + A_N D_R^{SS} + D_R + A_N$（$D_{h/n/e}$），还可表示为如图 3-10 所示，速率控制步骤应为第三步。

上面我们以路径（3-2）和（3-4）为例，详细分析了 CFC-12 在 LPG 燃烧场中分解的两种机理，以路径（3-2）为代表的是自由基 + 水解机理，以路径（3-4）为代表的是全自由基反应机理。一方面，两种机理的反应通道的能垒都很低，它们对 CFC-12 分解过程都有贡献；另一方面，类似于路径（3-4）的全自由基反应机理的路径中，都有一个能垒稍高的单通道步骤，在路径（3-4）中是第三步，为一吸热反应，这一步在该机理中往往是反应速率控制步骤，同时，就是这一步还面临水解反应的强大竞争，仅从我们计算得到的数据判断，自由基 + 水解机理的反应路径更具优势一些。从这两种反应机理来看，反应体系中水的存在是很重要的，它改变了 CFC-12 分解的反应路径。

经以上分析，我们已从理论上得到了 CFC-12 在 LPG 燃烧场中的分解机理，并筛选出低能垒的反应通道。结果证实 CFC-12 在燃烧场中的分解确实存在多个低能垒的优势反应通道，它们互相交叉，形成了一个网络状反应通道体系，众多链传递反应使动力学链得以继续，产物主要在链传递（链增长）反应中产生，反应的最终产物是 HF、HCl 和 CO_2，这与实验事实是相符的；虽然产物是在链

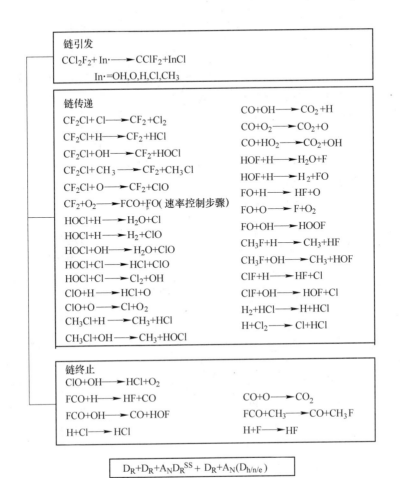

链引发

$CCl_2F_2+ In \cdot \longrightarrow CClF_2+InCl$

$In \cdot =OH,O,H,Cl,CH_3$

链传递

$CF_2Cl+ Cl \longrightarrow CF_2+Cl_2$

$CF_2Cl+H \longrightarrow CF_2+HCl$

$CF_2Cl+OH \longrightarrow CF_2+HOCl$

$CF_2Cl+ CH_3 \longrightarrow CF_2+CH_3Cl$

$CF_2Cl+O \longrightarrow CF_2+ClO$

$CF_2+O_2 \longrightarrow FCO+FO (速率控制步骤)$

$HOCl+H \longrightarrow H_2O+Cl$

$HOCl+H \longrightarrow H_2+ClO$

$HOCl+OH \longrightarrow H_2O+ClO$

$HOCl+Cl \longrightarrow HCl+ClO$

$HOCl+Cl \longrightarrow Cl_2+OH$

$ClO+H \longrightarrow HCl+O$

$ClO+O \longrightarrow Cl+O_2$

$CH_3Cl+H \longrightarrow CH_3+HCl$

$CH_3Cl+OH \longrightarrow CH_3+HOCl$

$CO+OH \longrightarrow CO_2 +H$

$CO+O_2 \longrightarrow CO_2+O$

$CO+HO_2 \longrightarrow CO_2+OH$

$HOF+H \longrightarrow H_2O+F$

$HOF+H \longrightarrow H_2+FO$

$FO+H \longrightarrow HF+O$

$FO+O \longrightarrow F+O_2$

$FO+OH \longrightarrow HOOF$

$CH_3F+H \longrightarrow CH_3+HF$

$CH_3F+OH \longrightarrow CH_3+HOF$

$ClF+H \longrightarrow HF+Cl$

$ClF+OH \longrightarrow HOF+Cl$

$H_2+HCl \longrightarrow H+HCl$

$H+Cl_2 \longrightarrow Cl+HCl$

链终止

$ClO+OH \longrightarrow HCl+O_2$

$FCO+H \longrightarrow HF+CO$

$FCO+OH \longrightarrow CO+HOF$

$H+Cl \longrightarrow HCl$

$CO+O \longrightarrow CO_2$

$FCO+CH_3 \longrightarrow CO+CH_3F$

$H+F \longrightarrow HF$

$D_R+D_R+A_ND_R^{SS} + D_R+A_N(D_{h/n/e})$

图 3-10 路径 (3-4) 反应机理

传递反应中产生的，但 HF、HCl 产生于通道的许多反应步骤中，而含碳物种只能在通道末端才形成 CO_2。这一低能垒反应通道网络为 CFC-12 的快速、彻底分解提供了保障，其前提条件就是燃烧场的存在。整个 CFC-12 处理过程进行得简单而直截了当，但其中的化学过程却是周折与复杂的。本反应机理可直观地以图3-11 表示出来，低能垒通道涉及 46 个物种（包括自由基）的 113 个反应，这些反应列在表 3-15 中。

我们还注意到：在这个低能垒反应机理中烃类自由基和卡宾功不可没。从第一步反应开始，有烃基自由基参与的反应通道能垒都非常低，这些有效通道包括R110、R120、R121、R216、R2112、R251、R268、R2617、R2631、R2632、R295等，它们与很多物种结合的反应活性都很强，全部为放热反应且大部分反应通道入口没有能垒，它们分布在 CFC-12 分解的各个步骤中，形成了两个大通道：

$$CF_2Cl_2 \rightarrow CF_2Cl \rightarrow CF_2 \rightarrow CF_2CH_2 \tag{3-12}$$

$$CF_2Cl_2 \rightarrow CF_2Cl \rightarrow CFCl \rightarrow CF \tag{3-13}$$

通道（3-24）只要借助含氧物种经 RS41 就实现了向 COF_2 的转化，之后经水解即完成最终目标；通道（3-25）需要经 R2615 生成 CO、或经过 R2616 生成 $FCO(OH)$ 后再转化为 CO_2。烃基自由基参与的反应已几乎可以将 CFC-12 在 LPG 燃烧场中分解的低能垒通道封闭，显示出烃基自由基和卡宾与 CFC-12 分子及其碎片良好的反应能力，这一反应路线是氢和 CO 作燃料所不具有的。该结果正好与第 2 章热力学研究的结论相一致，选择 LPG 作为燃料增加了 CFC-12 的低能垒分解通道，使我们的目标更容易达到。

表3-15　CFC-12 在 LPG 燃烧场中分解的低能垒反应机理

代　号	反　应　式	代　号	反　应　式
R11	$CCl_2F_2 + OH \rightarrow CClF_2 + HOCl$	R221	$CF_2Cl + O_2 \rightarrow COF_2 + ClO$
R14	$CCl_2F_2 + Cl \rightarrow CClF_2 + Cl_2$	R222	$CF_2Cl + O \rightarrow COF_2 + Cl$
R16	$CCl_2F_2 + O \rightarrow CClF_2 + ClO$	R223	$CF_2Cl + OH \rightarrow COF_2 + HCl$
R18	$CCl_2F_2 + H \rightarrow CClF_2 + HCl$	R231	$CF_2Cl + O_2 \rightarrow CF_2ClO_2$
R110	$CCl_2F_2 + CH_3 \rightarrow CClF_2 + CH_3Cl$	R233	$CF_2ClO_2 + HO_2 \rightarrow CF_2Cl(OOH) + O_2$
R212	$CF_2Cl + Cl \rightarrow CF_2 + Cl_2$	R237	$CF_2Cl(OOH) + H \rightarrow CF_2ClO + H_2O$
R213	$CF_2Cl + H \rightarrow CF_2 + HCl$	R2311	$CF_2ClO_2 + H \rightarrow CF_2ClO + OH$
R214	$CF_2Cl + OH \rightarrow CF_2 + HOCl$	R241	$CF_2Cl + O \rightarrow CF_2ClO$
R216	$CF_2Cl + CH_3 \rightarrow CF_2 + CH_3Cl$	R245	$CF_2ClO + OH \rightarrow COF_2 + HOCl$
R219	$CF_2Cl + H \rightarrow CFCl + HF$	R246	$CF_2ClO + H \rightarrow COF_2 + HCl$
R2112	$CF_2Cl + CH_3 \rightarrow CFCl + CH_3F$	R247	$CF_2ClO \rightarrow COF_2 + Cl$
R2113	$CF_2Cl + O \rightarrow CF_2 + ClO$	R248	$CF_2ClO \rightarrow COFCl + F$
R251	$CF_2Cl + CH_3 \rightarrow CF_2ClCH_3$	R273	$COFCl + H_2O \rightarrow ClCO(OH) + HF$
R252	$CF_2ClCH_3 \rightarrow C_2H_2F_2 + HCl$	R274	$COFCl + H \rightarrow FCO + HCl$
R261	$CF_2 + CH_3 \rightarrow CF_2CH_2 + H$	R276	$COFCl + O \rightarrow FCO + ClO$
R263	$CF_2 + HO_2 \rightarrow COF_2 + OH$	R2714	$COHF + H_2O \rightarrow HCO(OH) + HF$
R264	$CF_2 + O \rightarrow COF_2$	R2716	$COHF + H \rightarrow FCO + H_2$
R268	$CF_2 + CH_3 \rightarrow CHF_2CH_2$	R2717	$COHF + H \rightarrow HCO + HF$
R269	$CF_2 + H_2O \rightarrow CHF_2(OH)$	R281	$COF_2 + H_2O \rightarrow CFO(OH) + HF$
R2610	$CF_2 + H \rightarrow CF + HF$	R292	$FCO + H \rightarrow HF + CO$
R2615	$CF + OH \rightarrow CO + HF$	R294	$FCO + OH \rightarrow CO + HOF$
R2616	$CF + HO_2 \rightarrow CFO(OH)$	R295	$FCO + CH_3 \rightarrow CO + CH_3F$
R2617	$CF_2 + CH_2 \rightarrow CF_2CH_2$	RS41	$CF_2CH_2 + O \rightarrow COF_2 + CH_2$

续表 3-15

代 号	反 应 式	代 号	反 应 式
R2619	$CF_2 + O_2 \rightarrow FCO + FO$	RS43	$CHF_2(OH) \rightarrow HCOF + HF$
R2620	$CF_2 + O_2 \rightarrow COF_2 + O$	RS59	$CHF_2CH_2 + OH \rightarrow CF_2CH_2 + H_2O$
R2627	$CFCl + O \rightarrow COFCl$	RS66	$CHFCl(OH) \rightarrow HCOF + HCl$
R2631	$CFCl + CH_3 \rightarrow CHFClCH_2$	RS71	$HCOF + F \rightarrow FCO + HF$
R2632	$CFCl + CH_3 \rightarrow CF + CH_3Cl$	RS83	$CHFClCH_2 + H \rightarrow CHFCH_2 + HCl$
R2645	$CFCl + H_2O \rightarrow CHFCl(OH)$	RS86	$CHFClCH_2 + OH \rightarrow CHFCH_2 + HOCl$
R2646	$CFCl + O_2 \rightarrow FCO + ClO$	RS93	$CHFCH_2 + OH \rightarrow CHFOHCH_2$
R2656	$CFCl + OH \rightarrow CFCl(OH)$	RS96	$CHFOHCH_2 \rightarrow COHF + CH_3$
R31	$FCO(OH) \rightarrow CO_2 + HF$	RS110	$HCO + H \rightarrow CO + H_2$
R310	$CO + OH \rightarrow CO_2 + H$	R313	$CO + HO_2 \rightarrow CO_2 + OH$
R311	$CO + O_2 \rightarrow CO_2 + O$	R314	$ClCO(OH) \rightarrow CO_2 + HCl$
R312	$CO + O \rightarrow CO_2$	R324	$HCO + O \rightarrow CO_2 + H$
RS4	$COOO \rightarrow CO + O_2$	R325	$HCO(OH) \rightarrow CO_2 + H_2$
RS6	$HOCl + H \rightarrow H_2O + Cl$	RS17	$ClO + H \rightarrow HCl + O$
RS8	$HOCl + H \rightarrow H_2 + ClO$	RS18	$ClO + O \rightarrow Cl + O_2$
RS9	$HOCl + OH \rightarrow H_2O + ClO$	RS20	$ClO + OH \rightarrow HCl + O_2$
RS12	$HOCl + Cl \rightarrow HCl + ClO$	RS41	$CF_2CH_2 + O \rightarrow COF_2 + CH_2$
RS13	$HOCl + Cl \rightarrow Cl_2 + OH$	RS40a	$CF_2CH_2 + OH \rightarrow CF_2OHCH_2$
RS15	$HOOCl \rightarrow O_2 + HCl$	RS40b	$CF_2OHCH_2 \rightarrow CF_2OCH_3$
RS31	$HOOF \rightarrow O_2 + HF$	RS40c	$CF_2OCH_3 \rightarrow COF_2 + CH_3$
RS32	$ClF + H \rightarrow HF + Cl$	RS44d	$HCOF + HO_2 \rightarrow FCO + H_2O_2$
RS34	$ClF + OH \rightarrow HOF + Cl$	RS22	$HOF + H \rightarrow H_2O + F$
RS36	$FO + H \rightarrow HF + O$	RS24	$HOF + H \rightarrow H_2 + FO$
RS37	$FO + O \rightarrow F + O_2$	RS45	$CH_3Cl + H \rightarrow CH_3 + HCl$
RS38	$FO + OH \rightarrow HOOF$	RS54	$COCH_2 + O \rightarrow CO + CH_2O$
RS66	$CHFCl(OH) \rightarrow HCOF + HCl$	RS59	$CHF_2CH_2 + OH \rightarrow CF_2CH_2 + H_2O$
RS105	$CFClCH_3 + OH \rightarrow CFCl(OH)CH_3$	RS83	$CHFClCH_2 + H \rightarrow CHFCH_2 + HCl$
RS107	$CFCl(OH)CH_3 \rightarrow COFCH_3 + HCl$	RS86	$CHFClCH_2 + OH \rightarrow CHFCH_2 + HOCl$
RS110	$HCO + H \rightarrow CO + H_2$	RS88	$CFClCH_2 + O \rightarrow COFCl + CH_2$
RS115	$H_2 + HCl \rightarrow H + HCl$	RS89	$CHFCH_2 + O \rightarrow HCFOCH_2$
RS116	$H + Cl_2 \rightarrow Cl + HCl$	RS93	$CHFCH_2 + OH \rightarrow CHFOHCH_2$
RS117	$H + Cl \rightarrow HCl$	RS94	$CHFOHCH_2 \rightarrow COHFCH_3$
RS118	$H + F \rightarrow HF$	RS96	$CHFOHCH_2 \rightarrow COHF + CH_3$

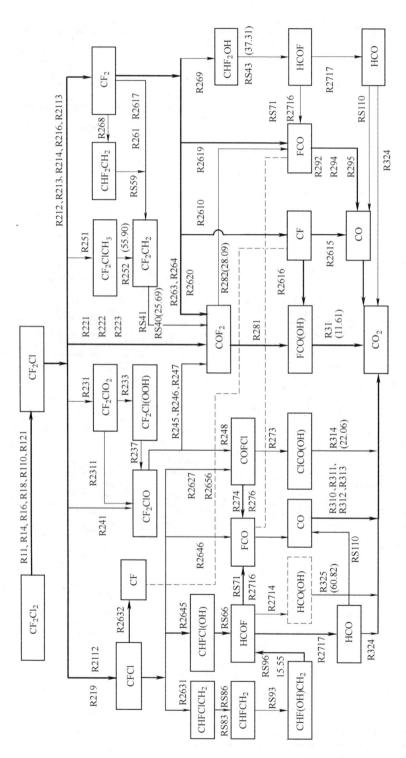

图 3-11 理论计算确认的 CFC-12 在 LPG 燃烧场中低能垒反应通道示意图

在此还应说明，我们得到的这个关于 CFC-12 在 LPG 燃烧场中的反应机理，仅为实际机理中的一部分，是由那些需要能量低、反应速率受温度影响小的反应通道组成的，并没有包括那些反应速率受温度影响大，在高温下变得易于进行的反应通道。无论是高温条件还是低温环境，它们都起重要作用，分解 CFC-12 对燃烧场的需求不是因为其高温，而是需要它的自由基。那些在低温或常温下比较难进行的高活化能反应，随着温度的升高，尤其在上千摄氏度的燃烧场中，其反应速率会有极大的提升，CFC-12 的分解会出现新的通道，但这并不妨碍我们依据低活化能原则优化出来的低能垒反应通道的可行性及竞争能力。

3.2.3 其他重要反应

这部分反应主要涉及燃烧抑制和水在 CFC-12——LPG 燃烧场中的作用两个主题，共有 35 个反应。

3.2.3.1 燃烧抑制反应

在实验中我们已经观察到当 CFC-12 加入到 LPG-空气混合物中时，火焰会变得不稳定，出现闪烁，燃烧受到强烈抑制，甚至不能燃烧。我们必须将这一机理搞清楚，才能更好地控制燃烧，使燃料分解 CFC-12 的效率更高。

卤素抑制火焰的基本机理是 20 世纪 50、60 年代由 Rosser 等人提出的，Butlin 和 Simmons 进一步证明并完善了这一机理[273]，后来许多人都在研究中证实了其正确性[273~279]。该机理揭示了在 X 与 HX 之间（X = F，Cl）存在着一个催化性自由基再结合循环，这可由图 3-12 直观地表示出来。整个循环是一个对自由基的净消耗过程，循环中 H、OH 是受到强烈影响的物种，它们的减少将直接导致燃烧过程中非常重要的链分支反应速率的不断下降：$H + O_2^{\cdot} \rightarrow OH + O$ 和 CO 的消耗反应：$CO + OH \rightarrow CO_2 + H$（注意这是 CO 含湿氧化机理的主要反应）；因此，这个催化性循环的存在对燃料的燃烧极为不利。我们认为本研究中 CFC-12 对 LPG 燃烧过程的抑制和熄灭机理与此相同，但到目前为止，还没有对该机理进行系统理论研究的相关报道，故而我们研究了该机理。

该主题考虑了 27 个反应，标注为 R411~R4127（参见附录 B：4.1 组），其中 R411~R419、R4114~R4122 为 X 与 LPG 的主要成分丙烷、丙烯、丁烷、丁烯及其相应自由基反应形成 HX 的子通道。由于结构的相似性，我们仅以丁烷为例进行计算，只要说明该通道是畅

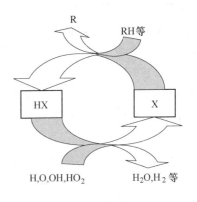

（R 代表烃基，X=F,Cl）

图 3-12　X 与 HX 之间的循环
（R = 烃基，X = F，Cl）

通的即可，事实上，本研究前面的结果已经表明：作为 CFC-12 分解的主要产物之一，我们的研究体系中并不缺少 HX，X 与 HX 之间的循环是不会因为缺少 HX 而中断的，我们的研究重点是 X 的再生途径。另外我们还知道，CFC-12 分解的前半部分反应主要以形成 HCl 为主，其通道均为自由基反应；而 HF 主要在后半部分反应中形成，且其来源有很大部分依赖于水解通道，因此，我们认为 HCl 对燃烧的影响更有代表性，鉴于 Liu 等人已研究过 Cl 与丙烷的反应[280]，在此仅以 Cl 与丁烷的反应 R411 为前述 18 个反应的代表进行研究。计算结果见表 3-16。

表 3-16　燃烧抑制反应通道计算得到的活化能 E_a 及反应热 E_r

反应代号	反应式	$E_r/kJ \cdot mol^{-1}$ (kcal $\cdot$ mol^{-1})	$E_a/kJ \cdot mol^{-1}$ (kcal $\cdot$ mol^{-1})
R411	$C_4H_{10} + Cl \rightarrow C_4H_9 + HCl$	−24.53(−5.860)	15.76(3.764)
R4110	$HCl + OH \rightarrow H_2O + Cl$	−155.80(−37.211)	10.63(2.539)
R4111	$HCl + H \rightarrow H_2 + Cl$	−14.78(−3.530)	5.54(1.323)
R4112	$HCl + O \rightarrow OH + Cl$	−261.81(−62.532)	8.55(2.042)
R4113	$HCl + HO_2 \rightarrow H_2O_2 + Cl$	−39.77(−9.499)	3.67(0.876)
R4123	$HF + OH \rightarrow H_2O + F$	−56.84(−13.575)	−17.95(−4.288) IM 见附录 C
R4124	$HF + H \rightarrow H_2 + F$	38.30(9.148)	13.60(3.248)
R4125	$HF + O \rightarrow OH + F$	17.66(4.219)	11.10(2.652)
R4126	$HF + HO_2 \rightarrow H_2O_2 + F$	121.09(28.923)	83.84(20.02)

由计算结果可以清楚地知道：该循环中涉及的反应能垒都很低，在燃烧场中具有很强的反应能力，仅从活化能及反应的热效应判断，它们完全有能力与燃烧链反应匹敌。毫无疑问，X 不断地由 HX 得到再生，将大量消耗 H、OH 等对燃烧来说非常重要的自由基，该催化性循环对燃烧的抑制是非常有效的，这与 CFC-12 破坏臭氧层的机理有异曲同工之处。若从反应热效应判断，Cl 的再生比 F 容易，因此，在对燃烧的抑制上，Cl 比 F 作用更大。在计算过程中我们还发现，在 Cl + RH→HCl + R 的过程中，Cl 更倾向于夺取烃链上的仲氢原子而不是伯氢原子。

自由基浓度对火焰稳定至关重要，对扩散火焰来说，在所有情况下，自由基体积分数均是在温度峰值的空气侧达到最大值，对需要碳氢物种再生 HX 的情况下，对火焰抑制最强的地方则位于温度峰值的燃料侧。根据文献［273］等报道：加入卤素、CO_2 等抑制剂，都会使自由基浓度同等降低，H 和 O 的浓度峰值降低约 50%，而加入 CF_3Br 或 Br_2 会使 OH 浓度降低 30%。预混火焰中，各物种的分布均匀，氧与燃料的混合使链分支反应提前得到强化，不像扩散火焰那样，为了保证有抑制剂存在时火焰的稳定，需要大量的 H、OH 等自由基逆流向的扩散。通过扩散火焰的情况我们可以知道，在我们的研究体系中，因涉卤物种的加入，同样会使燃烧场中的自由基浓度大幅下降。Gregory 等人认为[273]：扩散火焰的不同区域其燃烧行为的差异很大，X 与 HX 的催化循环在燃尽区由于碳氢物种的缺乏而受到很大限制，因此可以向反应区提供大量的自由基，保证火焰的传播，火焰熄灭的根本原因是由于受扩散火焰结构的限制，不是卤素对燃烧的抑制，而是由于反应区内丰富的碳氢物种（碳氢物种在扩散燃烧的燃料侧浓度都很高）使卤素的催化循环圈更加有效，从而使火焰底部产生低频振荡和闪烁，这种振荡最终导致了火焰的熄灭。在预混湍流燃烧中，燃料与空气的预混及流体的湍动打破了高浓度碳氢物种存在的区域，也减弱了能导致火焰熄灭的火焰低频振荡和闪烁，强化燃烧的同时均化了 X 与 HX 催化圈的效率，使得火焰更加稳定，湍流预混燃烧的熄火机理与上述的扩散燃烧不同，其火焰熄灭的原因只能是卤素对自由基浓度的影响，再者，X 自由基的产生必定会影响到正常的燃烧机理。因此旋流燃烧场处理 CFC-12 的能力必然会得以提高。这一结果与我们的实验、流场模拟结果以及 Williams[277]、Alliche[279] 等人的研究结论是一致的。

3.2.3.2 水的反应

通过上一节对 CFC-12 在 LPG 燃烧场中低能垒反应机理的讨论已经明确：自由基+水解机理的反应路径具有非常重要的作用，许多物种的后续反应都汇聚到水解通道中，反应体系中水的存在改变了 CFC-12 分解的自由基反应路径，降低了 CFC-12 分解对自由基的依赖。在这一机理中，CFC-12 的脱氯过程属于自由基反应，脱氟则是在水解过程中完成的，并不依赖于任何自由基的存在，我们认为这是卤系阻燃剂中氟化物较氯、溴化合物效率低很多的根本原因，水的存在很大程度上减轻了燃烧场的负担。此外，水在本研究中可能还存在其他的反应通道，因此，我们又考虑了 8 个反应，标注为反应 R421 ~ R428（参见附录 B：4.2 组），其中，R421、R424 分别是上一组 R4110、R4123 的逆反应，R422、R425 分别是 RS6、RS22 的逆反应，在原来计算的基础上加以分析即可。其他反应只有 R428 收敛，结果见表 3-17。

表 3-17　H_2O 的几个重要反应通道计算得到的活化能 E_a 及反应热 E_r

反应代号	反应式	$E_r/kJ \cdot mol^{-1}$ (kcal·mol^{-1})	$E_a/kJ \cdot mol^{-1}$ (kcal·mol^{-1})
R421	$H_2O + Cl \rightarrow HCl + OH$	155.80(37.211)	166.43(39.750)
R422	$H_2O + Cl \rightarrow HOCl + H$	301.76(72.075)	291.99(69.740)
R424	$H_2O + F \rightarrow HF + OH$	56.84(13.575)	120.76(28.844)
R425	$H_2O + F \rightarrow HOF + H$	421.26(100.617)	440.48(105.208)
R428	$H_2O + O \rightarrow OH + OH$	61.81(14.762)	64.95(15.513)
RT	$H + O_2 \rightarrow OH + O$	121.82(29.096)	-27.76(-6.631)

作为 R4110、RS6、RS22 的逆反应，平衡移动的方向明显不利于 R421、R422、R425，剩下 R424、R428 比较可行，在此我们需要重点说明的是反应 R428，其活化能不高，但要吸收 62.07kJ/mol 的能量，在燃烧场中该条件很容易得到满足，从理论上看，该反应与反应 $H + O_2 \rightarrow OH + O$（标注为 RT）一样，属于链分支反应，这对保障燃烧过程有极大的促进。为了便于比较，我们对反应 RT 也作了理论计算，两个反应的势能面如图 3-13 所示。

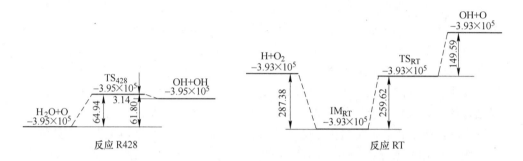

图 3-13 两个链分支反应的势能面示意图（kJ/mol）

从势能面上我们看到 R428 的反应物经过一个 64.94kJ/mol 的能垒后形成过渡态，之后放出微量的能量形成产物；RT 的反应通道能量变化比 R428 大得多，该通道的最大优势在于它无能垒的通道入口，H 与 O_2 形成了一个稳定的中间体 $H \cdots O—O$（IM_{RT}），该过程有一个 287.38kJ/mol 的能量阱，因此会进行得很快、很容易，IM_{RT} 的 O—O 键长 0.1325nm，O—H 键长 0.0988nm，HOO 夹角 105.11°，该结构 H 与 O 之间实际已经成键，因此，IM_{RT} 应该是 HO_2 自由基，HO_2 与产物 OH、O 之间存在着一个平衡，从能量关系看，在高温环境里，有利于平衡向形成 OH 和 O 的方向移动。从理论上说，R428 和 RT 这两个链分支反应都是不难实现的。众多的实验已证实反应 RT 的存在，其反应活化能在文献 [238，240，281] 中给出的值分别是 71.51kJ/mol、69.12kJ/mol、70.46kJ/mol，比我们的理论值 121.84kJ/mol 低约 40%，文献 [241] 没有反应 RT 的数据，却给出了形成 IM_{RT} 的数据：活化能为 0，能量差为 204.32kJ/mol，比我们的理论值低 29%。尽管我们得到的理论值与实验值在数值上还有很大误差，但在反应的性质和方向上是正确无误的，因此，我们认为 R428 具有现实意义。与文献报道的一样[282,283]，我们在实验中观察到大量水的存在对燃烧是有害的，甚至不能点火，但适量水的加入却有利于火焰的稳定，提高了 LPG 处理 CFC-12 的能力（参见上一章相关内容），这一现象的原因就在于 R428 的存在和水解反应机理对燃烧场负荷的降低，反应 R428 可以在一定程度上弥补卤素对燃烧的抑制，这样就从理论上解释了实验现象。

3.3 本章小结

本章基于烷烃和烯烃燃烧的机理，考虑了 H、OH、O、CH_3、HO_2、CHO 等 LPG 燃烧场中存在的重要自由基对 CFC-12 分解反应的影响，利用 Materials Studio 软件在密度泛函 LDA/PWC(DNP) 水平下完成了 CFC-12 在 LPG 燃烧场中的分解反应通道的计算，计算结果表明 CFC-12 的热力学稳定性确实不高，在 LPG 燃烧场中可以发生非常快速的反应，与热力学研究结论一致。理论研究得出以下主要结论：

（1）从理论上得到了 CFC-12 在 LPG 燃烧场中的反应机理。CFC-12 在燃烧场中的分解存在多个低能垒的优势反应通道，它们互相交叉，形成一个网络状反应通道，它们分别属于两大类机理：凡以 COF_2 为产物的反应，均属于自由基 + 水解反应机理，其余的属于全自由基反应机理。这一低能垒反应通道网络为 CFC-12 的快速、彻底分解提供了保障，其前提条件就是燃烧场的存在，但燃烧场为之提供的不是温度而是自由基。该机理与热力学研究结论非常吻合。

（2）CFC-12 在 LPG 燃烧场中的分解反应机理发生了极大改变。其初始分解步骤既不是单分子离解反应通道，也不是水解通道，而是多个与自由基发生的热化学反应通道，主要产物是 CF_2Cl 自由基。

（3）HF、HCl 是在许多不同的反应步骤中陆续产生的。CFC-12 分解的前半部分反应主要以形成 HCl 为主，其通道均为自由基反应；而 HF 主要在后半部分反应中形成，且其来源有很大部分依赖于水解通道。含碳物种只能在整个反应通道的末端才形成 CO_2。链引发、链终止对产物的影响很小。

（4）尽管水会抑制燃烧，但由于 COF_2 的水解反应能够大大降低燃烧场负荷，加之水参与的反应 R248 是个链分支反应，因此，在本案特殊环境里，水的加入在一定范围内稳定了燃烧，提高了 LPG 处理 CFC-12 的能力。

（5）湍流预混燃烧场中，CFC-12 抑制燃烧的原因是涉卤物种以及 X 和 HX 之间的受到强化的催化循环对自由基的消耗。在对燃烧的抑制上，Cl 比 F 作用更大。

（6）在 LPG 燃烧过程中形成的 CH_3、CH_2 等烃类自由基和卡宾与 CFC-12 分子及其碎片之间有很强的反应活性，从而能有效地增加 CFC-12 的低能垒分解通道。这说明了选择 LPG 作为燃料的优越性。

4 燃烧降解 CFC-12 实验研究

理论上，LPG 是燃烧水解 CFC-12 的最佳燃料。CFC-12 在 LPG 燃烧场中降解迅速、彻底，产物简单。水的加入能够降低燃烧场负荷，提高 LPG 处理 CFC-12 的能力。为了验证理论结果、确定燃烧降解 CFC-12 的工艺，必须进行相关的实验研究，并为实际应用提供直接依据。

一定条件下，CFC-12 的供应（分解）速率表示了燃烧火焰场对 CFCs 的降解速率，为了以较低的成本实现目标，燃烧场对 CFC-12 的降解效率是我们最关心的指标之一。在此，我们以 CFC-12 物质的量/LPG 物质的量作为衡量 LPG 燃烧场处理 CFC-12 能力的主要指标，简记为 CFC/LPG，该值越大越经济。工艺上，主要研究各种因素对 CFC/LPG 的影响，以获得较高的 CFC/LPG 为主要目标。

4.1 实验方法

4.1.1 实验原理及配气方法

CFC-12 具有很好的物理化学稳定性，但在有水存在的条件下，常温时它们即可发生水解，其主反应式为[284]：

$$CCl_2F_2 + 2H_2O \longrightarrow 2HCl + 2HF + CO_2 \tag{4-1}$$

但该反应常温下速率很慢，不能满足处理 CFCs 及资源化的要求，因此必须采取各种措施以提高反应速率及转化率，实现 CFCs 的快速完全降解。燃烧法即可提供合适的条件让反应（4-1）得以快速进行。本研究的处理方法为：CFC-12 与水蒸气在燃烧的高温区进行反应，反应产物为含氟化氢、氯化氢的酸性气体，它们与吸收液中的中和剂（氢氧化钠）进行中和反应，转化成无害的氯化钠和氟化钠，最后向中和废液中添加 $CaCl_2$ 或 $Ca(OH)_2$，生成 CaF_2 和 NaCl。涉及的主要反应为：

$$CCl_2F_2 + 2H_2O \longrightarrow 2HF + 2HCl + CO_2 \tag{4-2}$$

$$2CO + O_2 \longrightarrow 2CO_2 \tag{4-3}$$

$$HCl + HF + 2NaOH \longrightarrow NaF + NaCl + 2H_2O \tag{4-4}$$

$$CO_2 + NaOH \longrightarrow NaHCO_3 \tag{4-5}$$

$$2NaHCO_3 \longrightarrow Na_2CO_3 + CO_2 + H_2O \tag{4-6}$$

$$2NaF + CaCl_2 \longrightarrow CaF_2 + 2NaCl \qquad (4\text{-}7)$$

$$Na_2CO_3 + CaCl_2 \longrightarrow CaCO_3 + 2NaCl \qquad (4\text{-}8)$$

$$2HCl + CaCO_3 \longrightarrow CaCl_2 + CO_2 + H_2O \qquad (4\text{-}9)$$

经过固液分离,最终得到 CaF_2、NaCl 等无污染的物质,即可进行回收利用,从而达到 CFC-12 的无害化和资源化。实验流程图如图 4-1 所示,实验实物图见图 4-2。

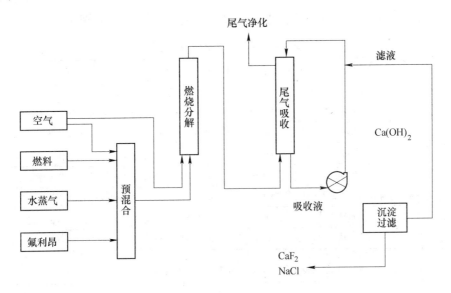

图 4-1 实验流程图

图 4-2 燃烧实验的实物图

采用动态配气法配气。空气由空压机和真空泵供给，LPG 和 CFC-12 使用液化钢瓶供气，蒸汽由自制蒸汽发生器供给。

分别取燃烧前的预混合气和经过氢氧化钠溶液吸收的尾气进行气相色谱-质谱(GC-MS)分析。

4.1.2 实验用品及设备仪器

本实验所需的主要试剂和主要仪器设备见表4-1~表4-3和图4-3。

表 4-1   实验所需的主要试剂

试剂名称	分子式	相对分子质量	纯度/%	等级	生产厂家
LPG	烃类（C_3—C_5）	—	—	—	昆明百江燃气公司（供应商）
CFC-12[285]	CCl_2F_2	120.9	≥99.8	优等品	浙江巨化股份有限公司
氢氧化钠	NaOH	40.00	≥96.8	分析纯	天津市大茂化学试剂厂
氟化钠	NaF	41.99	≥99.3	分析纯	北京化工总厂
无水氯化钙	$CaCl_2$	110.99	≥99.6	分析纯	天津市大茂化学试剂厂
柠檬酸三钠	$C_6H_5Na_3O_7 \cdot 2H_2O$	294.10	≥99.8	分析纯	汕头市精细化学品有限公司
硝酸钠	$NaNO_3$	84.99	≥99.5	分析纯	重庆化学试剂总厂
盐 酸	HCl	36.46	36~38	分析纯	成都市欣海化工试剂厂

表 4-2   实验所需的主要仪器设备

名 称	型 号	生 产 厂 家	数量	用 途
气相色谱-质谱仪	TRACE GC + DSQ 带顶空自动进样器（HS）、Xcalibur 工作站	Thermo Electron Corp.	1	定性、定量分析
毛细管柱	DB-5/30m×0.25mm	Thermo Electron Corp.	1	与 GC-MS 配套
燃烧分解炉	炉腔尺寸：$\phi80 \times 900$mm	自制	1	燃烧实验
大流量冲击吸收瓶	30L	外购	1	尾气吸收
石灰吸收槽		自制	1	回收氟
蒸汽发生器		外购，改造	1	产生水蒸气
预混合器		自制	1	预混合气体
空气压缩机	V-OO8/8	江苏大力集团股份有限公司	1	提供燃烧所需的空气
旋片式真空泵	2XZ-2	浙江黄岩黎明实业有限公司	2	提供燃烧所需的空气
压力变送器	分体式	上海安控自动化仪表有限公司	1	操作系统控制面板
清水泵	SG	昆明海龙王泵业电器有限公司	1	提供吸收液动力
离心沉淀机	80-2B	中国盐城市科学仪器厂	1	回收氟

续表4-2

名　称	型　号	生　产　厂　家	数量	用　途
离子直读浓度计	PXD-3 型数字式	江苏江分电分析仪器有限公司	1	测氟离子浓度
氟化镧单晶膜电极	PF-1C	江苏江分电分析仪器有限公司	1	测氟离子浓度
电磁搅拌器	GSP-77-03	江苏江分电分析仪器有限公司	1	测氟离子浓度
饱和甘汞电极		江苏江分电分析仪器有限公司	1	测氟离子浓度
笔式 PH 计	PHB-5	上海康仪仪器有限公司	1	测量溶液 pH 值
玻璃转子流量计	LZB-4、LZB-6、LZB-10、LZB-15	江阴市科达仪表厂	共6个	气体流量计量
气相色谱-质谱仪	TRACE GC + DSQ 带顶空自动进样器（HS）、Xcalibur 工作站	Thermo Electron Corp.	1	定性、定量分析
温湿度测量仪	HMT330（相对湿度误差 ±1.0%，温度误差 ±0.10℃）	VAISALA	1	环境温度湿度测量
热电偶	WRGRK Pt La-Pt $\phi3$ 尾长 200mm	外购	1	测炉内温度
热电偶	WRK120 $\phi8$ 尾长 200mm	外购	1	测炉内温度
燃烧速度测定装置	$\phi45mm$	自制（平面火焰法）	1	测可燃气体燃烧速度

表4-3　GC-MS 分析条件

柱温/℃	进样口温度/℃	检测器温度/℃	载气	分流比	进样器	进样方式	进样量/mL
120	180	180	高纯氦	30	气密针	手动	0.3

a   b

图 4-3　燃烧实验用喷嘴

a—管式直射流喷嘴；b—套管式旋流喷嘴

液化石油气（Liquefied Petroleum Gas，LPG）的主要成分是含 3 ~ 4 个碳原子的烷烃和烯烃，表 4-4 为实验用 LPG 提供商所提供的产品主要特性。

表 4-4 LPG 的主要特性

成　分	丙烷	丙烯	丁烷	丁烯	C_5	水蒸气	密度/kg·m^{-3}	绝热指数
体积分数/%	13.9	1.7	25.0	58.3	1.01	0.09	1.8	1.1

4.1.3 分析计算方法

（1）CFC-12 的分解率：

$$\beta = \frac{a - b}{a} \times 100\% \qquad (4-10)$$

式中　β——CFC-12 的分解率；

　　　a——燃烧前供给的 CFC-12 总量，mol；

　　　b——燃烧后尾气中 CFC-12 的残留量，mol。

燃烧前、后氟利昂的量 a、b 分别由燃烧前、后的总气量以及对应的 CFC-12 浓度计算。CFC-12 浓度：分别取燃烧前的预混合气和经过氢氧化钠溶液吸收后的尾气进行气相色谱-质谱（GC-MS）检测分析，用 SIM（特征离子）法峰面积定量。燃烧前总气量由经皂膜流量计校正的流量计测量，燃烧后的总气量设定燃料为完全燃烧，经理论计算得到。

（2）氟的回收率：

$$R = \frac{m}{n} \times 100\% \qquad (4-11)$$

式中　R——氟的回收率；

　　　m——回收沉淀物中的含氟量，mol；

　　　n——供给燃烧分解的 CFC-12 总量中的含氟量，mol。

供氟总量 n 由预混合气量以及对应的 CFC-12 浓度计算，方法与分解率计算相同。回收物中的含氟量 m 由式（4-12）计算：

$$m = (c_1 - c_2) \times V \qquad (4-12)$$

式中　c_1——吸收液经 $CaCl_2$ 溶液处理前的浓度，mol/L；

　　　c_2——吸收液经 $CaCl_2$ 溶液处理后的浓度，mol/L；

　　　V——用 $CaCl_2$ 溶液处理的对应吸收液体积，L；

　　c_1，c_2——用氟离子选择电极法测定[286]。

（3）燃烧空气过量系数 α：

$$\alpha = 实际空气供给量 V / 理论空气需要量 V_0 \qquad (4-13)$$

按化学计量比供给空气时，$\alpha = 1$。

（4）活性炭吸附容量指单位质量活性炭所能吸附 CFC-12 的最大量。用重量法测定，计算公式为：

$$\gamma = (M_1 - M_0)/M_0 \times 1000 \tag{4-14}$$

式中　γ——吸附容量，mg/g；

　　　M_0——活性炭饱和吸收 CFC-12 前的质量，g；

　　　M_1——活性炭饱和吸收 CFC-12 后的质量，g。

4.2　CFC-12 和水对 LPG 燃烧特性的影响

　　燃烧分解 CFC-12 是一种特殊条件下的化学反应。研究 CFC-12 添加到燃烧场后对燃烧体系会产生什么样的影响，是研究 CFC-12 燃烧分解的基础，因此首先做一些基础实验，以判断 CFC-12 对 LPG 燃烧特性的影响。

　　根据表 4-3，将 LPG 的成分简化为丙烷、丙烯、丁烷、丁烯四种，详见表 4-5，以后凡与 LPG 有关的计算、讨论均以此为基础。单一成分的基本特性[287]见表 4-6、表 4-7。由表 4-5 ~ 表 4-7 的数据可计算出 LPG 的一般燃烧特性，计算结果见表 4-8。

表 4-5　LPG 的简化组成

成　分	丙　烷	丙　烯	丁　烷	丁　烯
体积分数/%	14.1	1.7	25.0	59.2

　　从表中可以看出 LPG 的热值很高，其高热值（标态）为 123844kJ/m³，而 H_2、CO、甲烷的高热值（标态）才分别为 12745kJ/m³、12636kJ/m³、39842kJ/m³，这对燃烧是十分有利的；另外，LPG 燃烧所涉及的几个反应中水均为其产物（见表 4-6），产物中的这些水本身温度就很高，不会降低火焰温度，因此选定 LPG 作为实验燃料具有一定优越性。

　　火焰传播速度是燃料燃烧的一个很重要的特性，它是燃烧领域的一项重要研究内容，燃烧器的设计，燃烧过程的控制都必须以火焰传播速度为参考，它还是研究湍流火焰传播的基础。Chang、W. J. Stry 等[289,290]研究了 $C_2H_2Cl_4$、氯苯等氯代烃液滴与烷烃混合物的燃烧速率，结果发现氯代烃使燃烧速率大幅下降；Wenhua Yang、G. Granta 等[153,291,292]的研究结果证实水会使燃烧速率大幅下降。我们用平面火焰法研究了 CFC-12 对 LPG 燃烧速率的影响，这实际是层流预混火焰的燃烧速率，不同工况下 CFC-12 对混合气体的燃烧速率的影响关系如图 4-4 和图 4-5 所示。

　　在实验条件下，用平面火焰法测定得到的 LPG 燃烧限是 1.95% ~ 5.96%，当加入 1.1% CFC-12 时，其燃烧限大幅缩小，仅 2.52% ~ 4.46%；实验结果显示：不论是贫燃料燃烧还是富燃料燃烧，CFC-12 的加入都使 LPG 的燃烧速率下降，加入量越大，LPG 燃烧速率下降幅度越显著，$\alpha = 1.03$ 时，LPG 以接近化学

表 4-6 单一气体标态下的主要特性

名称	分子式	相对分子质量 M	摩尔容积 VM（标态）/$m^3 \cdot kmol^{-1}$	气体常数 R/$J \cdot (kg \cdot K)^{-1}$	密度（标态）ρ/$kg \cdot m^{-3}$	临界温度 T_C/K	临界压力 p_C/MPa	高热值（标态）H_h/$MJ \cdot m^{-3}$	低热值（标态）H_l/$MJ \cdot m^{-3}$	爆炸极限 V/% 下限 L_1	爆炸极限 V/% 上限 L_h	动力黏度 $\mu \times 10^6$/$Pa \cdot s$	运动黏度 $\nu \times 10^6$/$m^2 \cdot s^{-1}$	沸点 /℃	定压热容 C_p（标态）/$kJ \cdot (m^3 \cdot K)^{-1}$	绝热指数 K	导热系数 λ/$W \cdot (m^2 \cdot K)^{-1}$
甲烷	CH_4	16.043	22.362	518.75	0.7174	190.58	4.544	39.842	35.906	5.0	15.0	10.60	14.50	-161.49	1.545	1.309	0.03024
丙烷	C_3H_8	44.097	21.936	188.65	2.0102	369.82	4.194	101.266	93.240	2.1	9.5	7.65	3.81	-42.05	2.960	1.161	0.01512
丙稀	C_3H_6	42.081	21.990	197.77	1.9136	364.75	4.550	93.667	87.667	2.0	11.7	7.80	3.99	-47.72	2.675	1.170	—
正丁烷	$n\text{-}C_4H_{10}$	58.124	21.504	143.13	2.7030	425.18	3.747	133.886	123.649	1.5	8.5	6.97	2.53	-0.50	3.710	1.144	0.01349
异丁烷	$i\text{-}C_4H_{10}$	580124	21.598	143.13	2.6912	408.14	3.600	133.048	122.853	1.8	8.5			-11.72	—	1.144	—
丁烯	C_4H_8	56.108	21.607	148.33	2.5968	419.55	3.970	125.847	117.695	1.6	10.0	7.47	2.81	-6.25	—	1.146	—
氢	H_2	2.016	22.427	412.67	0.0898	33.25	1.280	12.745	10.786	4.0	75.9	8.52	93.0	-252.75	1.298	1.407	0.2163
一氧化碳	CO	28.010	22.398	297.14	1.2501	132.95	3.453	12.636	12.636	12.5	74.2	16.90	13.30	-191.48	1.302	1.403	0.0230
氧	O_2	31.999	22.392	259.97	1.4289	154.33	4.971	—	—	—	—	19.80	13.60	-182.98	1.315	1.400	0.0250
氮	N_2	28.013	22.403	296.95	1.2507	125.97	3.349	—	—	—	—	17.00	13.30	-195.78	1.301	1.402	0.02489
二氧化碳	CO_2	44.010	22.26	189.04	1.9768	304.25	7.290	—	—	—	—	14.30	7.09	-78.20（升华）	1.620	1.304	0.01372
空气		28.966	22.400	287.24	1.2931	132.40	3.725	—	—	—	—	17.50	13.40	-192.00	1.306	1.401	0.02489
水蒸气	H_2O	18.015	21.629	461.76	0.833	647.00	21.830	—	—	—	—	8.60	10.12	—	1.491	1.335	0.01617

注：标准状态：273.15K，101325Pa。

表 4-7 一些气体的燃烧特性

名称	燃烧反应	热值(标态)/kJ·m⁻³		理论空气需要量(标态)/m³·m⁻³(干燃气)	耗氧量	理论烟气量(标态) V_{fo}/m³·m⁻³(干燃气)				爆炸极限(常压,20℃)/%		燃烧热量计温度/℃	最低着火温度/℃
		高	低	空气	氧	CO_2	H_2O	N_2	V_{fo}	下限	上限		
H_2	$H_2+0.5O_2=H_2O$	12745	10786	2.38	0.5	—	1.0	1.88	2.88	4.0	75.9	2210	400
CO	$CO+0.5O_2=CO_2$	12636	12636	2.38	0.5	1.0	—	1.88	2.88	12.5	74.2	2370	605
甲烷	$CH_4+2O_2=CO_2+2H_2O$	39842	35906	9.52	2.0	1.0	2.0	7.52	10.52	5.0	15.0	2043	540
丙稀	$C_3H_6+4.5O_2=3CO_2+3H_2O$	93667	87667	21.42	4.5	3.0	3.0	16.92	22.92	2.0	11.7	2224	460
丙烷	$C_3H_8+5O_2=3CO_2+4H_2O$	101266	93240	23.80	5.0	3.0	4.0	18.80	25.80	2.1	9.5	2155	450
丁稀	$C_4H_8+6O_2=4CO_2+4H_2O$	125847	117695	28.56	6.0	4.0	4.0	22.56	30.56	1.6	10.0	—	385
正丁烷	$C_4C_{10}+6.5O_2=4CO_2+5H_2O$	133886	123649	30.94	6.5	4.0	5.0	24.44	34.44	1.5	8.5	2130	365

表 4-8 LPG 的性质及燃烧特性(计算值)

性质	值	性质	值
平均相对分子质量	54.68	高热值(标态)/kJ·m⁻³[288]	123844
平均密度(标态)/kg·m⁻³	2.53	低热值(标态)/kJ·m⁻³[288]	115225
相对密度(标态)/kg·m⁻³(空气为1)	1.956	华白数(高热值)	88552
动力黏度/10⁶Pa·s⁻¹	7.35	华白数(低热值)	82389
运动黏度/10⁶m²·s⁻¹	2.91	理论空气量(标准)/m³·m⁻³	28.37
质量比热/kJ·(kg·K)⁻¹	1.74	燃烧温度/℃	2020
容积比热(标态)/kJ·m⁻³·(kmol·K)⁻¹	4.39	气体常数 R/J·(kg·K)⁻¹	149.25
摩尔比热/kJ·(kmol·K)⁻¹	94.99	全氮(标态)/m³	22.41
全碳(标态) V_{CO_2}/m³	3.842	全氢(标态) V_{H_2O}/m³	4.233

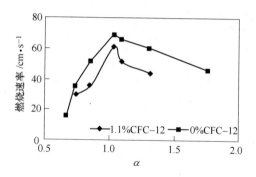

图 4-4 不同 α 下 CFC-12 对燃烧速率的影响

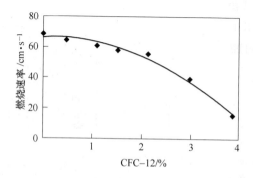

图 4-5 α=1.03 时 CFC-12 加入量对燃烧速率的影响

计量体积燃烧，此时其燃烧速率最大，为 68.5cm/s，此时可加入 CFC-12 的最大量为 3.83%，燃烧速率为 15.5cm/s，下降幅度达 77.4%，对 LPG 的燃烧表现出很强的抑制能力。

不同工况下水对混合气体的燃烧速率的影响如图 4-6 和图 4-7 所示。实验时的室温 16℃，相对湿度 73%，环境空气中的含水量约为 7.8g/kg。

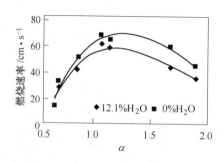

图 4-6 不同 α 下 H_2O 对燃烧速率的影响

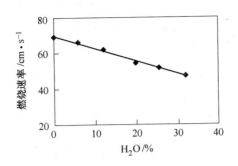

图 4-7　H_2O 加入量对燃烧速率的影响 $\alpha = 1.03$

由实验结果可以看出，水对 LPG 的燃烧也有抑制，但抑制能力较 CFC-12 低。当 $\alpha = 1.03$，水的额外加入量（不含空气中已含水分）达到 31.7% 时，LPG-空气混合物不再能够燃烧。

4.3　燃烧法处理 CFC-12 反应速率研究

为了获得 CFC-12 在 LPG 燃烧场中分解速率的基本情况，我们借助斯密塞尔火焰分离器对 CFC-12 在 LPG 燃烧场中的分解进行研究。斯密塞尔火焰分离器是一组（两根）直径不同的管子套在一起，它们能将部分预混火焰分离，内锥（内焰）落在内管口上，形成一个本生灯火焰，外锥（外焰）则落在外管口上，形成一个扩散火焰。内外锥之间的炽热气体（称之为"锥间气"）并不发光，是我们研究的主要对象，分析手段是 GC-MS。实验条件：LPG 流量 15L/h，$\alpha = 0.57$，CFC-12 流量 6.5L/h。实验结果见图 4-8 和图 4-9。

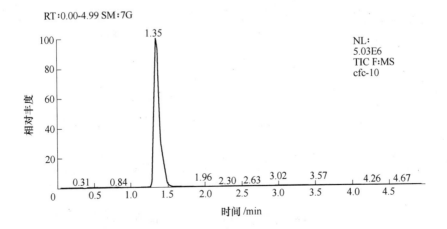

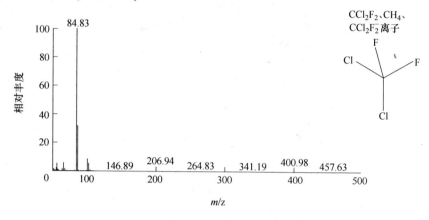

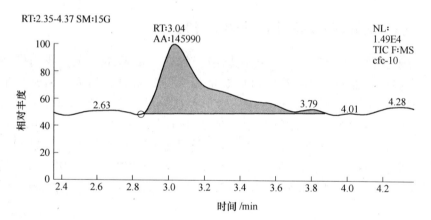

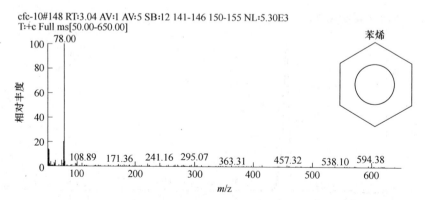

图 4-8 锥间气（内焰）的 GC-MS 图

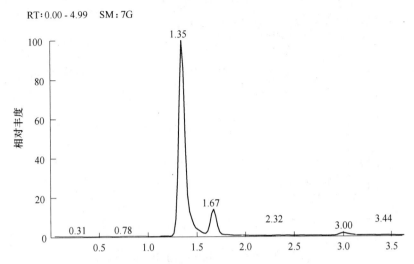

RT:0.00 - 4.99 SM:7G

cfc-14#65 RT:1.35 AV:1 AV:5 SB:12 58-63 67-72 NL:7.97E5
T:+c Full ms[50.00-650.00]

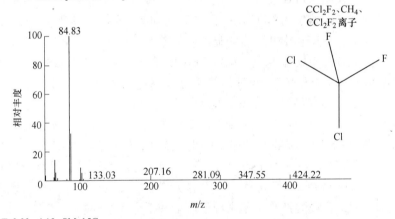

CCl_2F_2、CH_4、
CCl_2F_2 离子

RT: 2.33 - 4.13 SM: 15G

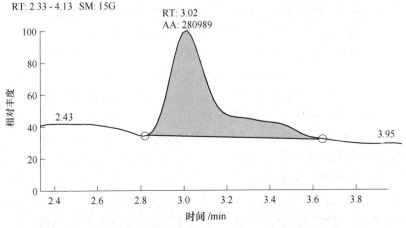

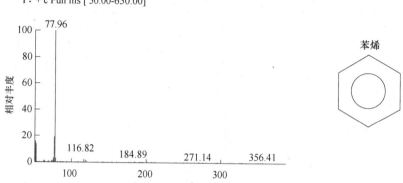

cfc-14 # 147 RT: 3.02 AV: 1 AV: 5 SB: 12 140-145 149-1
T：+ c Full ms [50.00-650.00]

图 4-9　燃烬气（外焰）的 GC-MS 图

分析结果表明：LPG 在穿过内锥时已完全裂解，锥间气在 1.35min 时有一个非常明显的峰，经鉴定为 CFC-12；另在 3.04min 处有一可鉴别的由苯形成的峰，其强度已经很弱，产物中并没有明显产生氯苯等卤代芳烃类化合物。锥间气经过外焰后，其成分没有明显变化，仍以 CFC-12 为主，另外有苯检出。CFC-12 在经过内锥后分解率为 83.3%，经过外焰后分解率达到 91.9%，分解率不高的原因是火焰规模太小，容易产生冷壁效应的缘故。CFC-12 的分解率还受氟利昂加入量的影响，实验中，CFC-12 分解率随 CFC-12 加入量增加而大幅下降。在其他实验条件相同而 CFC-12 流量为 10.3L/h 时，经内焰和外焰后 CFC-12 的分解率分别为 75.4%、86.6%。Nils Hansen 等人[293]认为苯是烃类富燃料燃烧时容易产生的副产物之一，G. P. Prado 等人[152,294~296]的实验结果表明：烯烃类燃料燃烧时才容易生成苯，因此，燃烧产物中苯来源于丙烯和丁烯的富燃料燃烧。

以上实验事实表明：第一，CFC-12 的热力学稳定性确实不高，在合适的条件下 CFC-12 会很快地分解完全，没有中间产物的富集，LPG 的不完全燃烧对 CFC-12 的分解并没有明显影响但容易产生苯；第二，CFC-12 在 LPG 燃烧场中的反应速率非常快。前面研究得到的反应机理正好解释这些现象：首先，与 CFC-12 的直接水解或它在臭氧层中的降解相比，它在 LPG 燃烧场中分解的入口通道发生了极大改变，这一入口通道不再是单分子离解反应通道，也不是水解通道，而是多个与自由基发生的低能垒热化学反应通道；其次，LPG 燃烧场中存在的 CH_3、CH_2 等烃类自由基和卡宾与 CFC-12 分子及其碎片之间有很强的反应活性，从而有效地增加了 CFC-12 的低能垒分解通道；第三，在整个反应机理中，速率控制步骤的能垒也很低（低于一般化学反应活化能低限 41.868kg/mol），使反应能够快速进行而不会产生中间产物的富集。这与热力学研究结果也相吻合。

LPG 燃烧场的存在是 CFC-12 分解的重要条件，而 CFC-12 对 LPG 的燃烧有很强的抑制作用，因此，要提高 CFC-12 处理效率（即 CFC/LPG）必须以稳定 LPG 的燃烧为前提。

4.4 燃烧方式的选择

根据不同的分类标准，燃料的燃烧方式有很多种，但研究气体燃料的燃烧时，通常按照气体的流动状态和燃料在燃烧时与空气混合的情况来进行分类，按前者可分为层流燃烧和湍流燃烧，按后者则可分为预混合燃烧和扩散燃烧。

4.4.1 层流燃烧和湍流燃烧

层流燃烧火焰与湍流火焰的对比见图 4-10，湍流火焰面产生了明显的褶皱，焰顶的形状像箭尾，注意图 4-10b 中火焰已经离开喷嘴，发生了推举，火焰底部直径明显大过喷口直径，继续增大流量后火焰推举高度更大，直至最后火焰被"吹熄"；图 4-10c 是使用格栅增加湍流度后的情况，火焰又重新回到了喷嘴（格栅）上，焰面更宽。格栅显示了一定的稳燃效果。

a   b   c

图 4-10　层流火焰与湍流火焰的直摄照片
a—层流火焰；b—湍流火焰；c—用格栅增加湍流度后

我们使用带喉孔的管式喷嘴（见图 4-3a）进行实验，其喉部直径 1.2mm，喷嘴直径 4mm，当置于大气中喷出的 LPG 燃烧时，若流动速度在层流范围内，则形成分子扩散火焰，火焰的长度随供给的燃料流量增加而近似的成比例增长，但随着流速增大，则形成湍流扩散火焰，火焰的长度与气体的喷出速度无关，大致保持一定。图 4-11 为燃料流量与其形成火焰的实测长度间的关系，LPG 流量在 20~100L/h 范围内保持着很好的线性关系；LPG 流量超过 100L/h 后，火焰长度则基本不变；LPG 流量达到 120L/h 时因流速过大，发生脱火而熄灭。采用相

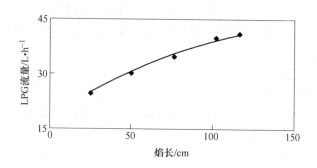

图 4-11 扩散燃烧时燃料流量与火焰长度间的关系

同的喷嘴进行预混气体（按化学计量比混合）燃烧时，火焰长度并未发生明显变化但喷嘴热负荷显著下降。有关流动状态对预混合燃烧的影响在随后的预混合燃烧中进行讨论。

4.4.2 预混合燃烧和扩散燃烧

碳氢化合物的扩散燃烧比较容易产生碳烟，这对燃烧来说是不利的，应该避免。非预混湍流火焰的优越之处在于容易控制，因此在实际燃烧系统中得到一些应用[297]，其缺点是污染物排放浓度较高，湍流预混火焰正好可以克服这一缺点，因而湍流预混火焰在实际应用中有非常重要的地位。在 2.4 小节的实验中已表明 CFC-12 在穿过两层火焰面后的分解率比单纯穿过单层火焰面的分解率要高 8% ~ 10%，部分预混火焰恰好拥有非常典型的双层火焰结构，其内焰是真正的预混燃料燃烧面，外焰却由扩散燃烧而形成。非常适合用于处理 CFC-12。

实验中我们还观察到扩散火焰比较容易产生碳烟，而预混火焰则不易生成碳烟。其原因可从 LPG 的燃烧原理中得到解释[294]：LPG 的燃烧可用式（4-15）所示的反应来综合描述：

$$C_nH_m + kO_2 \longrightarrow 2kCO + m/2H_2 + (n - 2k)C(s) \tag{4-15}$$

如果碳烟的形成由热力学控制，则当 $n > 2k$ 或碳氧元素物质的量比 $nC/nO > 1$ 时就会出现固态的碳。实际上，由于化学动力学因素的作用，可燃混合物在燃烧过程中生成碳烟的 nC/nO 常小于 1。这是因为火焰中氧化性自由基 OH 通过下述反应很快被消耗：

$$H_2 + OH \longrightarrow H_2O + H$$

$$CO + OH \longrightarrow CO_2 + H$$

这说明氧很快被转入到稳定产物 H_2O 和 CO_2 之中，因此，燃烧时，在较低的 nC/nO 下就会产生碳烟。预混火焰中，一般 $nC/nO > 0.5$ 时会生成碳烟；扩散火焰中燃料-空气比在空间分布是不均匀的，总存在 nC/nO 大于成烟界线的区域，一般认为在扩散火焰中碳烟生成是不可避免的。碳烟生成速率很快，形成微粒的

特征时间是 10^{-4}s。预混火焰中预防碳烟产生的主要防治措施是：控制燃料-空气比不大于成烟界限。

雷诺数 Re（$Re = du/\nu$，d 为直径，u 为流速，ν 为运动黏度）是判别流体流动特性的依据，燃气流动状态对燃烧的影响可用 Re 来表征。我们在 $\alpha = 1.05$ 时两种燃烧方式下得到的 CFC-12 分解率 β 与 Re 的关系见图4-12。

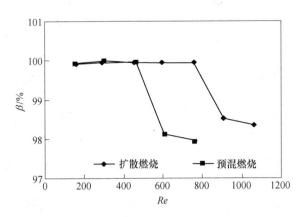

图4-12　两种燃烧方式下 Re 对 CFC-12 分解率的影响（$\alpha = 1.05$）

由于带喉孔的管式喷嘴在扩散燃烧时若气体流速接近 3m/s 火焰即被吹熄，因此没有测到该工况下 Re 对 β 的影响。预混火焰在雷诺数达到 800 后也被吹熄。使用格栅增加湍流度的情况下，火焰得到了稳定，但由于喷嘴结构的影响，此时已不是单纯的扩散燃烧，而是部分预混合燃烧，它发生吹熄的时候，雷诺数约 1100。从实验结果明显看出两种燃烧方式下都有一个 CFC-12 分解率明显降低的转折点，预混燃烧发生在 $Re = 500 \sim 600$ 之间，使用格栅时则发生在 $Re = 760 \sim 900$ 之间。这两个区间内正好发生了火焰推举，这使得未然气体发生逃逸，并使 CFC-12 分解率降低。这与发生火焰推举时会导致火焰闪烁与燃料逃逸的现象是一致的[160,298]。在这两种工况下，火焰被推举以前的 CFC-12 分解率均达到 99.9% 以上，问题是火焰推举对 CFC-12 的分解带来了不好的影响，这是直射流带来的一个严重问题。

在直射流实验条件下，扩散燃烧时，只要一加入 CFC-12，火焰立刻发生闪烁，几乎不能稳定地处理 CFC-12，这样的火焰对于我们要实现的目的来说，显得毫无意义。而此时的预混合燃烧比扩散燃烧要好一些，实验结果见表4-9。

表4-9　直射流预混合燃烧处理 CFC-12 的实验结果

实验条件[①]	LPG 流量 52.3L/h，空气流量 1550L/h，$\alpha = 1.05$				
CFC/LPG	0.21	0.51	0.86	1.06	1.33
β/%	99.95	98.96	97.51	96.02	87.67

实验条件①	LPG 流量 31.1L/h, $\alpha = 1.11$				
CFC/LPG	0.19	0.51	0.91	1.11	1.36
$\beta/\%$	99.96	99.36	98.87	95.24	84.67

①为了得到最大 CFC/LPG 值，必须保证燃烧器正常燃烧，因此，按表中条件配制的混合气体只有一部分用于燃烧实验。

由以上实验结果可以看出，预混火焰较扩散火焰有更好的稳定性，能够更好地承担起分解 CFC-12 的任务。究其原因，是预混燃气具有很高化学势的缘故，反应更容易完成。而在扩散火焰中，其化学势就没有这样高[152]。另外，根据 Gaydon 等人的研究，预混火焰中，按紫外谱线测得的反转温度特别高，也使加入火焰中金属的线状光谱的分布极不正常，这在扩散火焰中是没有的。产生这一现象的原因是由于氧和有机燃料以及一些不稳定的中间产物的相互作用，产生了一些反常的非热激发现象[152]，我们认为这也是预混火焰场对 CFC-12 具有更好和更大分解能力的根本原因之一。另外，P. Clanin 等人的研究表明：湍流预混火焰前沿的燃烧速度会随湍流效应而强化，使得湍流预混火焰的燃烧速度一般都比平面、层流预混火焰的燃烧速度高[299]。

从上一章研究得到的反应机理上来说，湍流预混燃烧的熄火机理与扩散燃烧不同。扩散燃烧火焰熄灭的根本原因不是卤素对燃烧的抑制，而是由于反应区内丰富的碳氢物种使卤素的催化循环圈更加有效，从而使火焰底部产生低频振荡和闪烁，这种振荡最终导致了火焰的熄灭。湍流预混火焰熄灭的原因只能是卤素自由基对正常燃烧机理的影响，大量对燃烧过程非常重要的自由基投入到低能垒的 CFC-12 反应链中，使这些自由基浓度降低而导致熄火。在预混湍流燃烧中，燃料与空气的预混及流体的湍动打破了高浓度碳氢物种存在的区域，也减弱了能导致火焰熄灭的火焰低频振荡和闪烁，强化燃烧的同时均化了 X 与 HX 催化圈的效率，使得火焰更加稳定，因此湍流燃烧场处理 CFC-12 的能力必然会得以提高。

综上所述，我们选择预混合湍流燃烧方式来处理 CFC-12。

4.4.3　火焰的稳定及对 CFC-12 处理效果的影响

在前面的实验中，虽然预混合燃烧方式较扩散燃烧处理 CFC-12 表现更好，但实验条件下，其处理能力较为有限，最大 CFC/LPG 为 1.36，且直射流火焰易发生火焰推举和吹熄。为获得更好的处理效果，强化燃烧、稳定火焰成为需要解决的主要问题。根据文献［294］的总结，稳定火焰的基本方法有七种，它们是：（1）用小型点火火焰稳定火焰；（2）用反吹射流稳定火焰；（3）采用旋转射流或钝体稳定火焰；（4）利用燃烧室壁凹槽稳定火焰；（5）利用带孔圆筒稳定火焰；（6）利用流线型物体稳定火焰；（7）利用激波稳定火焰。其中，第三种方法利用旋流或钝体可以产生高温回流区，从而稳定火焰，强化燃烧，这一方法已经得到广泛使用，但比较而言，旋流更具优点：第一，与钝体相比，要产生相近宽度的回流区，钝体所需尺寸比旋流器尺寸大得多；第二，旋流燃烧器所产生的回流区长度比钝体大；第三，旋流燃烧器所产生的回流区长度及烟气回流量调节方便。另外，对喷入炉内有限空间的旋流，除了中心漩涡回流区外，由于旋流外边界的强烈卷席作用，也会产生外回流区，形成中心和外围两个大回流区的稳燃热源。这些结论得到了国内外大量研究的证实[161,300~314]。因此，我们选择旋流燃烧方式来进行研究。

实验中我们发现全预混单环缝隙旋流燃烧器的火焰虽然比直射流火焰稳定，但是在处理 CFC-12 过程中会发生熄火，尤其在实验进行过程中需要调节 CFC-12 浓度的时候更易发生。为了解决这个问题，我们使用了部分预混合燃烧方式，即将燃烧需要的空气分为两部分：一部分直接与 LPG 和 CFC-12 混合，称为一次空气，记为

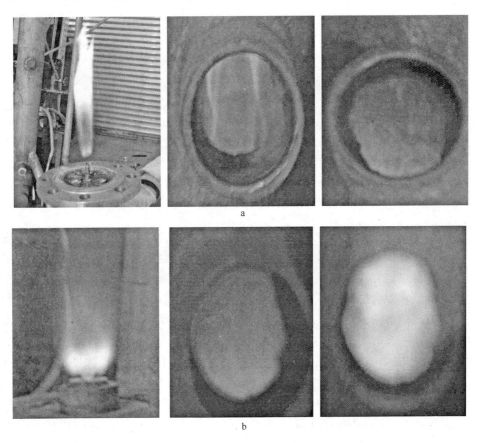

图 4-13　直射流与旋流预混合燃烧火焰的直摄对比照片

（LPG 流量为 52.3L/h，$\alpha = 1.05$）

a—直射流预混合燃烧；b—旋流预混合燃烧

（左图为自由燃烧，中、右图分别为通入 CFC-12 前、后在燃烧器观察孔中看到的情况）

A1；另一部分则直接供入炉腔，称为二次空气，记为 A2。这一过程通过将单环缝隙旋流燃烧器改为双环缝隙旋流燃烧器来实现，燃烧器形状见图 4-13b。预混气体供给内环，二次空气供给外环。经过这样的改造，实验中旋流火焰的稳定性得到了很大提高，二次空气的存在起到了稳定预混合火焰的作用。后面将按照部分预混燃烧方式确定工艺参数。

预混合直射流与部分预混合旋流燃烧火焰的直观对比见图 4-13。实验结果见图 4-14。

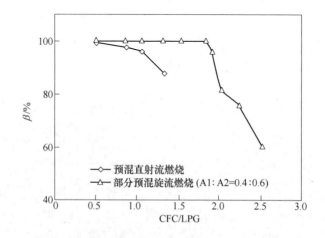

图 4-14　两种预混合燃烧方式对 CFC-12 的分解率的影响

（LPG 流量为 52.3L/h，$\alpha = 1.05$）

图 4-14 为两种预混合燃烧方式在相同工艺条件下 CFC-12 的分解率情况，图 4-15 显示了相同条件下两种燃烧方式分解 CFC-12 产物的情况。

由两种燃烧方式在相同条件下分解 CFC-12 的实验结果可以看出：在实验条件下，旋流预混合燃烧方式处理 CFC-12 的能力（以 CFC/LPG 表示）约为直射流燃烧方式的 2 倍；直射流燃烧的火焰明显比旋流预混合燃烧火焰长，其火焰形状易受流动状态的干扰，火焰的扰动直接影响了 CFC-12 的分解率，使 CFC-12 的分解率波动更大；预混合旋流燃烧的 CFC-12 分解率在各自处理浓度范围内均高于 99.5%，明显比直射流燃烧的高且稳定。由图 4-15 还可以看出：两种预混合燃烧方式的产物中，除残留的 CFC-12 外，没有明显的副产物检出。预混合直射流燃烧的副产物较预混合旋流燃烧副产物的量要大，这势必会影响到氟的回收率。

之所以预混合旋流燃烧方式处理 CFC-12 的能力远大于预混合直射流燃烧方式，是因为旋流燃烧的速度较直射流燃烧快得多，燃烧面积小，所以火焰区温度较高，这样一来，CFC-12 的水解反应对火焰稳定性的影响就相对降低了。

　　燃料在燃烧器中燃烧时单位时间内释放的热量称为燃烧器的热负荷（热负荷
＝燃料消耗量×燃料低热值），它是衡量燃烧器性能的重要技术参数，与燃烧器
的形式、燃料和助燃剂等因素有关。由实验情况看，旋流燃烧器的热负荷是直射
流燃烧器的五倍以上，说明旋流燃烧方式对强化燃烧起到了非常显著的作用，同
时，旋流燃烧火焰比直射流燃烧火焰短很多，稳定燃烧时其长度比较稳定，仅为
直射流燃烧火焰的10%～20%，且受燃气流速变化的影响也比较小。这有利于减
小燃烧室尺寸，降低设备造价。

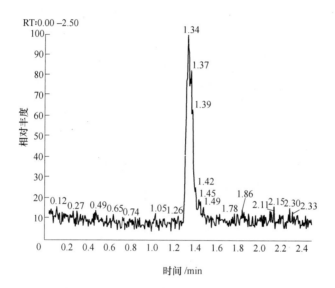

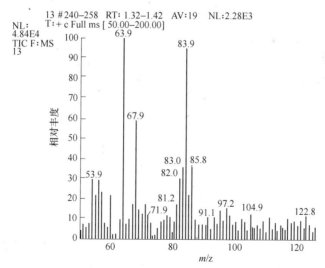

a

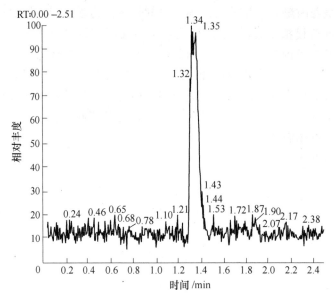

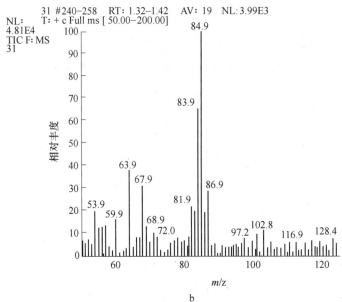

b

图 4-15　两种预混合燃烧方式分解 CFC-12 产物的 GC-MS 图

（LPG 52.3L/h，$\alpha = 1.05$，CFC-12：L/h）

a—直射流燃烧的总离子流图和质谱图；b—旋流燃烧的总离子流图和质谱图

4.4.4　CFD 模拟研究

为更好了解预混合直射流燃烧和旋流燃烧的流场特点，尤其是不同燃料入口喷射方式对燃烧器内温度场及流场分布的影响，我们对两种燃烧方式以实际燃烧器为几何模型进行模拟计算。鉴于模拟目的不在于点燃，熄灭等动力学细节现象，因此采用涡耗散模型（Eddy-Dissipation Model，EDM）最为适合[315~318]。选用大型商用 CFD 软件——Fluent6.3 对模型进行解算，利用这种建立在数学模型上的模拟计算，不必再进行耗资较大的实验。为简化计算，燃烧器外壁面设为绝热面。

气体入口为双环形式，内环通入燃料与空气的混合物，外环通助燃空气。对几何模型采用四面体非结构化网格，网格数量达 534996，如图 4-16 所示。

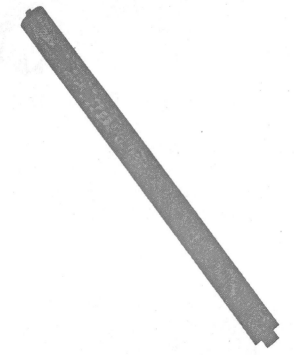

图 4-16　燃烧器几何模型网格划分

图 4-17a 显示射流方式的速度矢量分布均匀，而图 4-17b 显示的旋流喷射则会造成气流与壁面的相互碰撞，形成了复杂的涡旋矢量分布，这些边界条件对流场及温度场的影响将在随后的计算结果中得以体现。

为求得稳定的收敛解，将各燃烧组分的松弛因子减小到 0.8。在计算初始，将整个计算域的初始温度设定为 2200K，这种高温初始条件如同数字的"火花"点燃了燃料与助燃空气的混合物，启动迭代计算。

计算结果显示：在射流条件下，燃料与助燃空气在入口处不能很均匀地混合，导致主要反应区拉长，火焰长度较长。而旋流条件下，燃料与助燃空气在入口处即能充分混合，并与壁面发生接触，导致火焰方向有所偏转且长度较短。从

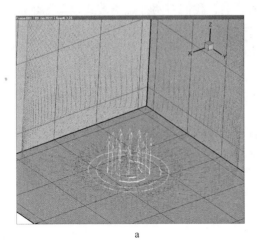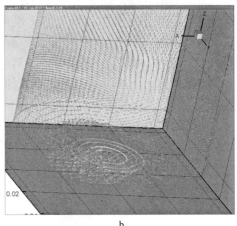

a	b

图 4-17　燃烧器进口边界速度矢量图

a—直射流方式；b—旋流方式

图 4-18 中可明显看出在入口速度同为 3m/s 的前提下，旋流火焰长度只有射流火焰长度的 60% 左右。同时，燃烧器气流流动方向（即 Z 方向）上的温度梯度较大，在靠近出口处仍有较大的温度梯度存在，如图 4-18a 所示。而旋流条件下，气流在入口附近与壁面接触后形成较大的切向速度分量，一方面燃料与助燃空气混合均匀，燃烧更加充分；另一方面使燃烧器内温度分布均匀，在靠近出口处已基本无明显的温度梯度存在，为 CFC-12 分解提供了更高效的燃烧场，如图 4-18b 所示。

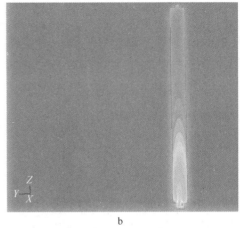

a	b

图 4-18　两种入口条件下火焰长度的比较

a—直射流条件；b—旋流条件

为了证明上述分析的正确性,将计算结果导入到 Tecplot 中进行进一步的三维数据处理。为了显示方便,更改了坐标轴刻度的比例,使数据的图形化表现更加清晰。从图 4-19 可以看出两种入口条件下的温度等值面均呈现明显的半球形特征,但旋流条件下燃烧器上半部已没有不规则温度等值面的存在,说明其温度分布比射流条件下的温度场更加均匀,且旋流的面加权平均温度 1060.68K 也比射流条件下的面加权平均温度 1057.86K 略高。

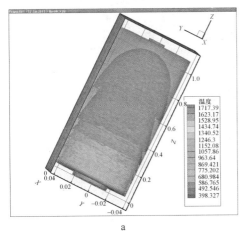 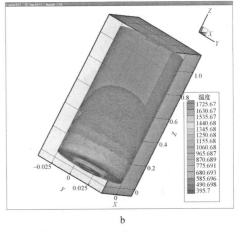

图 4-19　两种入口条件下温度等值面分布图

a—直射流条件;b—旋流条件

为了得到更准确的对比数据,采用各组分的变比热容值重新进行计算,射流条件下的各点温度明显降低,而旋流条件下的各点温度则略有升高,如图 4-20 所示,二者的面加权平均温度相差 11.4%。

接下来在计算域中取 $x = 0$ 及 $y = 0$ 两个互相垂直的纵截面,在界面上绘制出燃烧器内气体流动的迹线图。射流条件下在入口端底面夹角处形成了气体滞留区,如图 4-20a 所示,这会造成局部温度不均,其实是浓度分布不均,不利于氟利昂的分解。而旋流条件下,在燃烧器下半部形成了两个大的涡流区,使燃料与助燃空气充分混合燃烧,得到均匀的高温环境,燃烧器的高温区比例增加。而上半部气流已发展为沿壁面旋转上升的稳态流动,因此几乎不存在温度梯度,这与温度场的计算结果十分吻合,也有利于氟利昂的完全分解。

旋流流场中存在的径向和切向速度分布,使靠近炉内壁的大量分子与炉子内壁面发生碰撞,这直接导致了全预混旋流燃烧方式下的 CFC-12 分解率稍低于部分预混燃烧方式的 CFC-12 分解率,因为在部分预混旋流燃烧的情况下,外环通入的是空气,对内层可燃物来说发生的是湍流扩散燃烧,当氟利昂分子到达炉壁时已基本分解了。

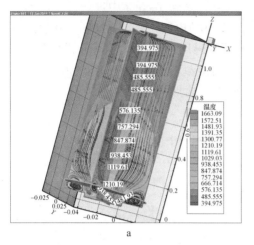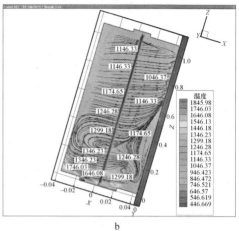

图 4-20　变比热计算条件下带迹线的温度分布图

a—直线流条件；b—旋流条件

4.5　工艺参数的确定

4.5.1　一、二次空气比例的确定

一、二次空气比例的不同，对炉腔内气体的流动状态有非常重要的影响，其会影响到火焰形状、燃烧稳定性和对 CFC-12 的处理效果。这种影响从图 4-21 和图 4-22 中可以清楚看到。

图 4-21　不同一、二次空气配比的实际燃烧情况

（LPG 流量为 52.3L/h，$\alpha = 1.13$）

a—A1：A2 = 0.9：0.1；b—A1：A2 = 0.4：0.6；c—A1：A2 = 0.2：0.8

二次气量 A2 越小，越接近全预混旋流火焰，处理 CFC-12 时火焰不稳定，容

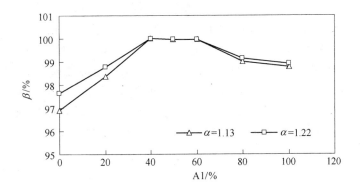

图 4-22　不同一、二次空气配比对 CFC-12 分解率的影响

易熄灭，随着二次气量的增大，火焰形状的产生明显改变，图 4-21 显示了这种变化。当 LPG 流量为 52.3L/h 时，实际情况是 A1 与 A2 之比在（1.0∶0）～（0.2∶0.8）之间时，火焰稳定，但火焰很短，A2 = 0 时，焰长仅 3cm，我们认为火焰过短将导致反应区缩小；不利于 CFC-12 的分解；A1 = 0 时，火焰事实上已成为旋流扩散火焰。

　　根据实验结果，A1∶A2 选定为 0.4∶0.6，即 40% 的空气与燃料、CFC-12 混合后送往燃烧器内环，60% 的空气直接送往燃烧器内环。

4.5.2　空气过剩系数的确定

　　从理论上说，当空气过剩系数 α 为 1.0 时，LPG 能够完全燃烧，但实际燃烧是否完全还与燃烧方式和燃烧设备结构等因素有关，因此需要通过实验找到最佳的空气过剩系数。实验结果见图 4-23 和图 4-24。

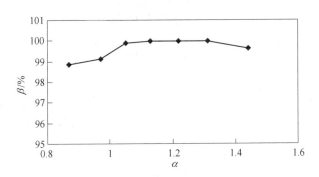

图 4-23　不同 α 对 CFC-12 分解率的影响

（LPG 流量为 52.3L/h，A1∶A2 = 0.4∶0.6）

　　由图 4-23 可知，α 在 1.13～1.22 之间时，CFC-12 的分解率较高，在 99.9%

以上，但 α 在 1.13 之前，尾气中有苯检出，增加了污染物的排放；从前面 2.4 小节的讨论中我们知道产物中的苯来源于丙烯和丁烯的富燃料燃烧，增加空气过量系数可以减少苯的形成，但 α 过大会增加对空气的需求，同时增加了尾气的排放量。由图 4-24 可知，α 在 1.05 ~ 1.22 时，LPG 燃烧场处理 CFC-12 的效果较好，$\alpha = 1.05$ 时，CFC-12 的分解率达到 99.9% 的最大 CFC/LPG 比值为 1.06；$\alpha = 1.22$ 时，CFC-12 的分解率达到 99.9% 的最大 CFC/LPG 比值升到 1.91，该水平已超过文献［163］报道使用电热丝稳定燃烧方法的最好水平 12.3%。由以上分析，确定 $\alpha = 1.2$。

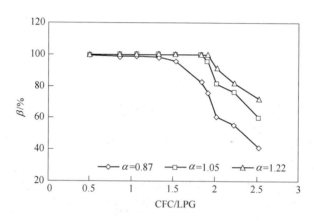

图 4-24　不同 α 时，CFC-12 分解率与 CFC/LPG 的关系

（LPG 流量为 52.3L/h，A1：A2 = 0.4：0.6）

4.6　水对 CFC-12 分解的影响

水蒸气通过水蒸气发生器产生，先与一次空气混合，再与 CFC-12 混合。实验时室温 17℃，空气相对湿度 62.9%，相当于空气含水量 7.56g/kg（9.78g/m³，标态）。额外加入水量对 CFC-12 分解情况的影响见图 4-25。

对图 4-25 进行分析可以看出：随着一次空气含水量增加，CFC-12 分解率有所下降，水加入量越大，CFC-12 分解率下降越多；水加入量增大，LPG 燃烧场处理 CFC-12 的能力 CFC/LPG 先上升，之后又下降，在加入量为 4.52g/m³ 时效果最好，在满足 CFC-12 分解率大于 99.9% 的条件下，处理能力提高了 5.8%，CFC/LPG 值达到 2.02，比文献［163］的最好水平高 18.8%。因为室温下空气的饱和水含量约是 19g/m³，所以该工艺条件是很容易实现的，只要用鼓泡法让空气饱和水即可。

实验表明：水本身对 LPG 的燃烧有较强的抑制作用，但水的加入在一定范围内稳定了 LPG-CFC-12 燃烧场，提高了 LPG 处理 CFC-12 的能力。其原因不仅

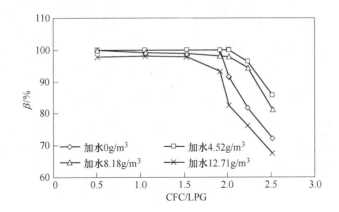

图 4-25 空气用水饱和后对 CFC12 燃烧分解效果的影响

(LPG 流量为 52.3L/h，$\alpha = 1.22$，A1 : A2 = 0.4 : 0.6)

在于 COF_2 水解反应机理对燃烧场负荷的降低，而且还有水参与的链分支反应 R248 在起作用。由于重要的中间产物 COF_2 的水解反应降低了反应能垒，使反应通道发生变化，沿着不再需要其他自由基参与的方向进行，大大降低了燃烧场负荷，加之水参与的反应 R248 是个链分支反应，因此，在本案特殊环境里，水的加入在一定范围内稳定了燃烧，提高了 LPG 处理 CFC-12 的能力。实验证明了理论的正确性。

4.7 氟的资源化

氟是重要的战略资源，在氟化工产业链中，萤石具有资源属性。萤石的有效成分是氟化钙，本节研究如何更好地回收氟化钙。通过向 CFC-12 燃烧尾气的吸收液中添加 Ca^{2+} 源（如 $CaCl_2$ 或 $Ca(OH)_2$），将吸收液中的氟以 CaF_2 的形式沉淀出来，即可实现 CFC-12 的资源化利用。化学反应方程式见式（4-7）。

燃烧降解 CFC-12 尾气中的主要成分是 HF、HCl、CO_2，据此可以知道碱性吸收液中的主要成分为 NaCl、NaF、$NaHCO_3$ 和 Na_2CO_3，若在酸性吸收液中，会有溶解于水的 HF、HCl 存在，并与碳酸盐发生如下反应：

$$Na_2CO_3 + 2HF \longrightarrow 2NaF + H_2O + CO_2 \uparrow \qquad (4\text{-}16)$$

$$Na_2CO_3 + 2HCl \longrightarrow 2NaCl + H_2O + CO_2 \uparrow \qquad (4\text{-}17)$$

$$NaHCO_3 + HF \longrightarrow NaF + H_2O + CO_2 \uparrow \qquad (4\text{-}18)$$

$$NaHCO_3 + HCl \longrightarrow NaCl + H_2O + CO_2 \uparrow \qquad (4\text{-}19)$$

因此，吸收液的 pH 值将是影响吸收液成分的重要因素。CaF_2、$CaCO_3$、$Ca(OH)_2$

都是难溶于水的物质，常温下它们的溶度积常数分别为 5.3×10^{-9}、2.8×10^{-9}、5.5×10^{-6}，在碱性条件下进行回收氟的操作时，除发生 CaF_2 的沉淀反应（式 (4-7)）外，还会同时发生以下反应：

$$CaCl_2 + 2NaOH \longrightarrow Ca(OH)_2\downarrow + 2NaCl \tag{4-20}$$

$$CaCl_2 + Na_2CO_3 \longrightarrow CaCO_3\downarrow + NaCl \tag{4-21}$$

因为 CaF_2、$CaCO_3$ 的溶度积都非常小，所以生成 CaF_2 或者 $CaCO_3$ 的 pH 值范围会非常宽。氟化钙是一种胶性沉淀，难于过滤，极微溶于盐酸。碳酸钙、氢氧化钙均易溶于稀酸，与盐酸发生如下反应：

$$CaCO_3 + 2HCl \longrightarrow CaCl_2 + H_2O + CO_2\uparrow \tag{4-22}$$

$$Ca(OH)_2 + 2HCl \longrightarrow CaCl_2 + 2H_2O \tag{4-23}$$

由以上分析可知：在保证尾气达标排放的前提下，吸收液以酸性条件为好，否则沉淀物中将含大量的 $CaCO_3$ 和 $Ca(OH)_2$，在回收 CaF_2 时使其品位下降，同时浪费大量的化学品。

图 4-26 显示的是在 100mL 吸收液初始氟离子浓度为 3589.8241mg/L 时（100mL 含氟量 358.98mg），不同 pH 值条件下溶液中残余氟量与 $CaCl_2$ 加入量之间的关系。图 4-27 是不同 pH 值条件下沉淀物中 CaF_2 的质量分数。

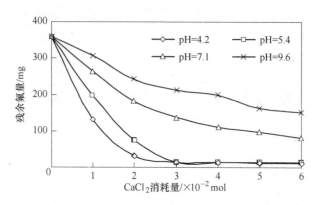

图 4-26　不同 pH 值条件下 $CaCl_2$ 量对回收氟的影响

理论上完全去除 358.98mg 氟仅需要 9.45×10^{-3} mol$CaCl_2$。但实际上要达到好的效果，$CaCl_2$ 的消耗量远远超过理论值，这主要是形成了 $CaCO_3$ 等物质的缘故。实验结果显示，pH 值越低越有利于氟的回收。在加入 0.06mol $CaCl_2$ 时（为理论需要量的 6.35 倍），吸收液中氟的去除率最高为 96.61%，最低为 57.54%，它们分别产生在 pH 值为 4.2 和 9.6 的条件下。从图 4-26 可以看出，pH 值等于 5.4 时，$CaCl_2$ 的投加量为 0.04mol 即可使氟的去除率达到 96.38%，与实验范围

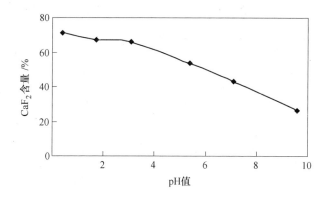

图 4-27 pH 值对沉淀物中氟化钙含量的影响

内的最好结果仅相差 0.23 个百分点，此时 $CaCl_2$ 的投加量为理论需要量的 2.12 倍。由此得到回收氟的较好条件是吸收液 pH 值等于 5，$CaCl_2$ 的投加量取理论需要量的 2.5 倍。

图 4-27 显示，沉淀物中 CaF_2 的质量分数随 pH 值下降而升高，这主要是因为酸性条件下抑制了 $CaCO_3$ 等物质的沉淀。实验范围内，pH 值为 0.4 时，沉淀物中 CaF_2 的含量最高，为 71.25%，达到了萤石精矿六级品的要求。根据萤石精矿的分类，最低要求 CaF_2 品位达 65%（七级品），由图 4-27 可知，要达此要求，回收 CaF_2 时的 pH 值必须在 3.0 以下。

综上所述，利用 $CaCl_2$ 对 CFC-12 降解产物进行资源化回收时，由于吸收液会大量地吸收尾气中的二氧化碳，造成了严重干扰。吸收液的 pH 值是影响这一过程的主要因素，pH 值越低越有利于 CaF_2 从吸收液中析出，并且沉淀物中 CaF_2 的含量也随 pH 值下降而升高。要使沉淀物达到萤石精矿对 CaF_2 品位最低要求的工艺条件是：pH 值 3.0 以下，$CaCl_2$ 的投加量取理论需要量的 2.5 倍。

4.8 尾气的活性炭吸附

尽管 CFC-12 的分解率能够达到 99.9% 以上，但是尾气中仍然含有微量的 CFC-12，将之直接排放到大气中将会造成一定的污染。活性炭是一种非常优良的吸附剂，可以有选择的吸附气相、液相中的各种物质，应用非常广泛，环保行业常用它来进行水净化及污水处理、废气及有害气体的治理、气体净化等。本书拟用廉价的工业 4 号活性炭进行吸附除去尾气中残余 CFC-12 的初步研究。

4.8.1 活性炭的预处理

实验原料为工业 4 号活性炭，性能参数见表 4-10，使用前对之进行预处理，处理方法如下：

（1）经三次蒸馏水洗涤后于 110℃ 干燥 24h，除去其中的机械和可溶性杂质（记为 AC1）。

（2）采用 1mol HCl 洗涤，然后用蒸馏水漂洗三次，110℃ 烘干 24h（记为 AC2）。

（3）经三次蒸馏水洗涤，采用 1mol HCl 溶液浸渍 24h，每 100mL 浸渍液浸渍 20g 的活性炭，然后，在 110℃ 下烘干 12h（记为 AC3）。

表 4-10　4 号活性炭的性能参数

空隙率 /cm³·g⁻¹	堆密度 /g·L⁻¹	粒度 /mm	比表面积 /m²·g⁻¹	碘吸附容量 /mg·g⁻¹	压碎强度 /kg·cm⁻¹
0.7	450～550	$\phi 4 + 0.5$	>900	>900	>7

4.8.2　吸附容量的测定

用重量法测定了样品对 CFC-12 的吸附容量，结果见表 4-11。

表 4-11　活性炭样品的吸附容量　　　　　　　　　（mg/g）

样　品	CFC-12 浓度 10% 空速 330h⁻¹		CFC-12 浓度 100% 空速 150h⁻¹	
	16℃	50℃	16℃	50℃
AC1	127	51	489	151
AC2	159	55	536	150
AC3	201	64	628	239

工业 4 号活性炭对 CFC-12 有较好的吸附能力，且在常温下的吸附容量比在 50℃ 时高，选择用 1mol 盐酸浸渍 24h 的活性炭在常温下作为燃烧产物的吸附剂是可行的，在常温下其吸附容量可达 201mg/g。

4.9　本章小结

实验结果表明：LPG 作为燃料能很快地使 CFC-12 降解；与水对 LPG 燃烧的抑制不同，水的加入可在一定范围内稳定 LPG/CFC-12 燃烧场，湍流预混燃烧和少量水蒸气的加入都提高了 LPG 处理 CFC-12 的效率。这些实验结论与理论研究相一致。

（1）CFC-12 的热力学稳定性确实不高，在 LPG 燃烧场中，CFC-12 分解反应是一个动力学快速反应，没有中间产物的富集。

（2）采用部分预混旋流方式强化并稳定燃烧，使 LPG 处理 CFC-12 的能力较文献报道[163]的最好处理能力提高 12.3%。这一工艺过程通过将单环缝隙旋流燃烧器改为双环缝隙旋流燃烧器来实现。

（3）在 LPG 燃烧场中加入少量水蒸气有助于提高 LPG 燃烧场处理 CFC-12 的能力。一次空气中水含量（标态）为 $14\sim20g/m^3$ 时对 CFC-12 分解有利，超过 $20g/m^3$ 后则对 CFC-12 的分解产生抑制。用水在室温下以鼓泡的方式饱和预混空气即可达到理想的效果，使 CFC/LPG 值达到了 2.02。

（4）确认了部分预混合旋流燃烧水解（CHRFPPF）工艺。部分预混气体供给旋流燃烧器内环，二次空气供给外环。经优化的工艺条件是：$\alpha=1.2$；一次空气 A1：二次空气 A2 $=0.4:0.6$；一次空气用鼓泡法增加水含量。该优化条件下，CFC-12 分解率为 99.9% 以上的 CFC/LPG 值达到 2.02，较文献报道[163]的最好处理能力提高了 18.8%。

（5）使用 Fluent 软件，涡耗散（Eddy-Dissipation）化学反应模型很好地完成了双环预混进口形式的 CFC-12 分解燃烧器射流燃烧与旋流燃烧的数值模拟。计算结果表明旋流燃烧方式可得到比射流湍流扩散燃烧更短的火焰，有利于减小燃烧器尺寸，降低设备造价。强烈的涡旋气流使整个燃烧器的高温区比例增加，温度、浓度分布更加均匀，更有利于氟利昂的分解。旋流流场中存在的径向和切向速度分布，使全预混旋流燃烧方式下的 CFC-12 分解率稍低于部分预混燃烧方式的 CFC-12 分解率。

（6）利用 $CaCl_2$ 对氟进行资源化回收时，使沉淀物达到萤石精矿对 CaF_2 品位最低要求的工艺条件是：吸收液 pH 值 3.0 以下，$CaCl_2$ 的投加量取理论需要量的 2.5 倍。

5 中试设备制作

经过前 3 章的工作，我们确认了燃烧分解 CFC-12 的工艺流程（见图 5-1）、燃烧场特性、燃烧器形式及主要工艺参数。控制目标指向燃烧场的稳定，即火焰的稳定，这也是燃烧工程中首要关心的问题。

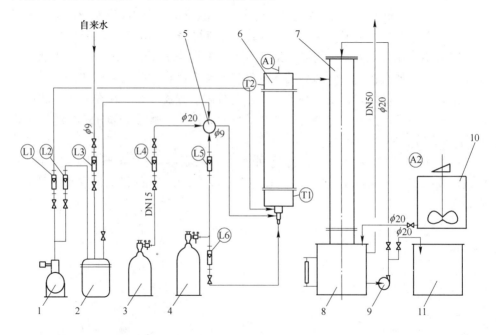

图 5-1 预混合燃烧水解 CFC-12 的工艺流程图

1—空压机；2—蒸汽饱和器；3—氟利昂钢瓶；4—液化气钢瓶；5—预混合器；6—燃烧炉；

7—冷却吸收塔；8—碱液贮槽；9—循环泵；10—溶碱槽；11—石灰中和槽

A—分析点；L—流量计；T—温度计

燃烧分解 CFC-12 的设备是本研究的主要目的，其中的燃烧器是关键。燃烧器的稳燃是近年乃至今后国内外旋流燃烧器发展的主要研究方向[319]。本研究通过采用双环缝隙旋流结构解决了这一问题。

5.1 设计依据

LPG 的燃烧特性见表 4-8，设计中参考了文献［320～342］。关键工艺为部分预混合旋流燃烧，设备运行于常压下，主要技术指标见表 5-1。

表5-1 设备设计的主要技术指标

指 标	要 求	指 标	要 求
额定 CFC-12 处理能力/kg·h^{-1}	2	最大 CFC-12 处理能力/kg·h^{-1}	2.2
LPG 量(标态)/m^3·h^{-1}	0.2	燃烧器热负荷/MJ·h^{-1}	23.1
理论空气量(标态)/m^3·h^{-1}	5.67	燃烧器结构	双环结构,用螺纹强制产生同向旋流,右旋45°
CFC/LPG	2.0	CFC-12 分解率/%	≥99.9
炉温①/℃	≥1100	空气过量系数	1.2 + 0.1
燃烧效率①/%	≥99.9	烟气停留时间/s	≥1
尾气中 CO①/mg·m^{-3}	≤100	尾气中 HF①/mg·m^{-3}	≤9
二噁英类①/ng·m^{-3}	≤0.5TEQ	尾气中 HCl①/mg·m^{-3}	≤100

①摘自文献 [336]。

5.2 设备选型及设计

根据实验结果和反应机理,CFCs 燃烧水解在燃烧炉中进行的均为气相反应,考虑选择圆柱形管式结构。结合主要技术指标要求,选择填料型圆柱管式结构。反应生成物中含有 HF、HCl 等强腐蚀性气体,在材料的选取上考虑耐腐蚀性,因此燃烧器、炉体、冷却吸收塔材料选择1Cr18Ni9Ti 不锈钢型材,耐火保温材料为85% 的 γ-Al$_2$O$_3$ 高铝砖。填料同样选择85% 的 γ-Al$_2$O$_3$ 制备。主要设备的选型计算如下所述。

5.2.1 燃烧炉

设燃烧炉在操作状态下平均温度为1000℃,反应在常压下进行,不考虑压强对气体体积的影响,燃烧气在炉内驻留时间 t 为 1s,另据表4-8 和表5-1 的指标来计算燃烧炉的尺寸。最大的 CFC-12 处理能力 2.2kg/h(18.19mol/h),CFC/LPG = 2.0,则 LPG 需要量(标态)为 0.2m^3/h(9.10mol/h),理论空气量(标态)$V^0 = 5.67$m^3/h,取 $\alpha = 1.2$,得到实际空气量(标态)$V = 6.81$m^3/h。室温下空气的饱和水含量约为 19g/m^3,空气的饱和水含量约是 19g/m^3。

液化气完全燃烧后的理论烟气量 V_f^0:

$$
\begin{aligned}
V_f^0 &= 0.2 \times (V_{CO_2} + V_{H_2O} + V_{N_2}) \\
&= 0.2 \times (3.842 + 4.233 + 22.41) \\
&= 6.10(标态) m^3/h
\end{aligned}
\tag{5-1}
$$

式中　V_{CO_2}——全碳(标态),m^3;

V_{H_2O}——全氢(标态),m^3;

V_{N_2}——全氮（标态），m^3。

液化气完全燃烧后的实际烟气量 V_f：

$$V_f = V_f^0 + (\alpha - 1)V^0 = 6.10 + 1.05 = 7.15 \text{m}^3/\text{h} \tag{5-2}$$

CFC-12 降解后的烟气量：

$$V_e = 5 \times 18.19 \times 22.4/1000 = 2.04 \text{m}^3/\text{h} \tag{5-3}$$

CFC-12 降解消耗水的体积：

$$V_h = 2 \times 18.19 \times 22.4/1000 = 0.82 \text{m}^3/\text{h} \tag{5-4}$$

实际烟气总量：

$$V_T = V_f + V_e - V_h = 8.37 \text{m}^3/\text{h} \tag{5-5}$$

烟气在操作状态下的体积流量：

$$V = V_T \times (273 + 1000)/273 = 39.03 \text{m}^3/\text{h} \tag{5-6}$$

燃烧炉燃烧室气流速度 v_1 取 2.0m/s，则燃烧炉截面积 F_1：

$$F_1 = V/3600v_1 = 39.03/(3600 \times 2.0) = 0.0054 \text{m}^2 \tag{5-7}$$

燃烧炉内径 D_1：

$$D_1 = 2\sqrt{\frac{F_1}{\pi}} = 0.08 \text{m} \tag{5-8}$$

燃烧炉炉膛容积 V_1：

$$V_1 = V/t = 39.03/3600 = 0.0108 \text{m}^3 \tag{5-9}$$

燃烧炉炉膛长度 L：

$$L = V_1/F_1 = 0.0108/0.0054 = 2.0 \text{m} \tag{5-10}$$

考虑到旋流流场增大了烟气停留时间，有效降低了气流的轴向速度，取燃烧炉炉膛长度 $L = 1.5\text{m}$。由于使用温度较高，需要在内径外加套耐火保温装置，耐火砖厚度为 200mm。选取 $\phi273 \times 4$ 不锈钢管作为外体。炉体总图见图 5-2。

为便于加工、维修，燃烧炉分为炉底、炉顶和筒体三部分，燃烧炉总高为 1.5m，外径 273mm。筒体高为 1000mm，内衬 4 块中空圆柱耐火砖，耐火砖外径为 250mm，内径为 80mm。炉底高为 262mm，内衬 1 块耐火砖，炉底焊接温度计，炉底与筒体之间相隔炉算，炉算上将放置直径为 15mm 左右大小的耐火球 3.6L。炉顶与炉底同高，内衬 1 块耐火砖，与冷却塔接口直径为 57mm。整个燃烧炉中高铝砖重 190kg，不锈钢重 60kg。

燃烧器热负荷 23.1MJ/h，是燃烧设备的核心部件。根据实验结果，燃烧器为双环结构，用梯形螺纹强制产生同向旋流，螺纹右旋 45°。燃烧器结构见图 5-3。

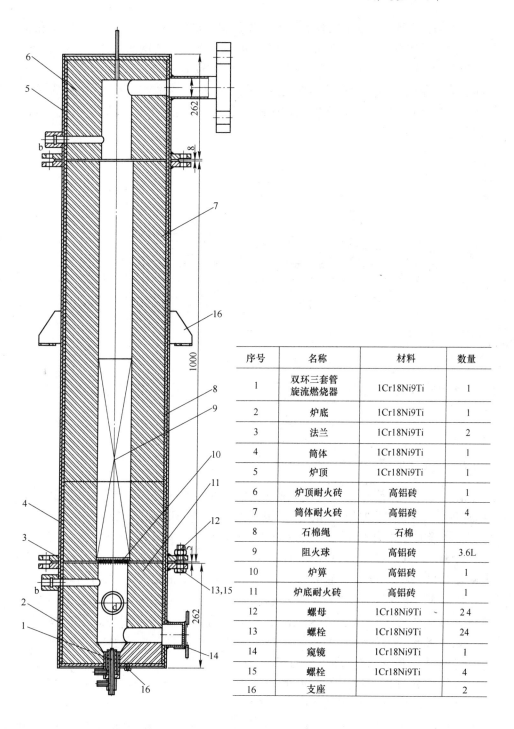

序号	名称	材料	数量
1	双环三套管旋流燃烧器	1Cr18Ni9Ti	1
2	炉底	1Cr18Ni9Ti	1
3	法兰	1Cr18Ni9Ti	2
4	筒体	1Cr18Ni9Ti	1
5	炉顶	1Cr18Ni9Ti	1
6	炉顶耐火砖	高铝砖	1
7	筒体耐火砖	高铝砖	4
8	石棉绳	石棉	
9	阻火球	高铝砖	3.6L
10	炉箅	高铝砖	1
11	炉底耐火砖	高铝砖	1
12	螺母	1Cr18Ni9Ti	24
13	螺栓	1Cr18Ni9Ti	24
14	窥镜	1Cr18Ni9Ti	1
15	螺栓	1Cr18Ni9Ti	4
16	支座		2

图 5-2 燃烧炉总图

本设备按《钢制焊接常压容器技术条件》(JB 2880—81)进行制作、检验和验收。焊接采用电焊,其中不锈钢与不锈钢间、不锈钢与碳钢间采用奥137焊条,碳钢间采用T422。焊接接头形式和尺寸除注明外按GB 986—80中的规定,角焊腰高按薄板厚度,法兰焊接按标准规定。设备安装后,耐火砖调中心,耐火砖与筒体、炉顶、炉底间用石棉绳塞紧,不留空隙。法兰连接处的耐火砖间隙用石棉垫调节厚度,不留空隙。

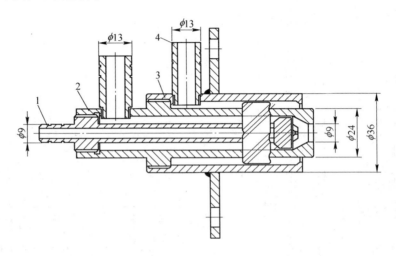

图5-3 双环三套管旋流燃烧器

1—内套中心管;2—中套旋流喷嘴;3—外套旋流喷嘴;4—接头

5.2.2 冷却吸收塔

根据4.4.4小节的模拟结果,烟气入塔温度约400℃,设冷却后尾气排放温度为40℃,则冷却吸收塔工作的温度范围为40~400℃,常压操作。

冷却吸收塔的作用在于吸收和冷却由氟利昂分解反应后产生的尾气。尾气为含HF、HCl、CO_2的酸性气体,采用5%氢氧化钠溶液进行吸收,氢氧化钠在溶碱槽中搅拌溶解后靠重力作用自流进入碱液贮槽,再用循环泵打入吸收塔,循环使用。为提高吸收效率,选用填料型吸收塔。填料塔不但结构简单,且流体通过填料层的压降较小,易于用耐腐蚀材料制造,所以特别适用于处理量小,有腐蚀性的物料及要求压降小的场合。由于HF、HCl易溶于水,吸收过程传质速率快,为便于设备空间排布,本设计采用气液并流操作。塔体材料选用耐腐蚀性较好的1Cr18Ni9Ti不锈钢型材,填料选用聚氯乙烯(PVC)阶梯环散装填料Dn16。

经计算,恒压条件下,298K时目标反应放出热量147.95kJ/mol,CFC-12降解放出的热量Q_1:

$$Q_1 = 18.19\text{mol/h} \times 147.95\text{kJ/mol} = 2691.2\text{kJ/h} \tag{5-11}$$

LPG 燃烧放出的热量 Q_2（高热值，标态）：

$$Q_2 = 0.2\text{m}^3/\text{h} \times 123844\text{kJ/m}^3 = 24768.8\text{kJ/h} \tag{5-12}$$

需要吸收的总热量 Q：

$$Q = Q_1 + Q_2 = 27460.0\text{kJ/h} \tag{5-13}$$

取冷却吸收塔进出口碱液温差为 12℃，则吸收液（按水计算）的循环量 M：

$$M = Q/(4.18 \times 12) = 547.4\text{kg/h} \tag{5-14}$$

据此选择循环泵：型号为 IHG10~80；

$$\text{流量 } L = 1.0\text{m}^3/\text{h};$$

$$\text{扬程 } H = 8\text{m};$$

$$\text{功率 } P = 0.18\text{kW}$$

冷却吸收塔平均温度取 200℃，此时的烟气体积流量 V_2：

$$V_2 = V_\text{T} \times (273 + 200)/273 = 14.5\text{m}^3/\text{h} \tag{5-15}$$

空塔流速 v_2 取 0.2m/s，塔截面积 F_2：

$$F_2 = V_2/v_2 = 14.5/(3600 \times 0.2) = 0.0201\text{m}^2 \tag{5-16}$$

塔直径 D_2：

$$D_2 = 2\sqrt{\frac{F_2}{\pi}} = 160.2\text{mm} \tag{5-17}$$

圆整塔径后取 $D_2 = 150\text{mm}$，选取 $\phi159 \times 4.5$ 不锈钢管。

塔高 H：$H = 1\text{m}$。

由于填料层高度仅 500mm，所以不再计算填料层压降。

塔参数校核：

塔内烟气在操作状态下的体积流量（取平均温度 200℃）：

$$V_\text{C} = V_\text{T} \times (273 + 200)/273 = 14.50\text{m}^3/\text{h} \tag{5-18}$$

吸收塔操作液气比：

$$M/V_\text{C} = 547.4/14.50 = 37.75\text{L/m}^3 \tag{5-19}$$

空塔流速 v_2：

$$v_2 = 4V_C/\pi D_2^2 = 0.23\text{m/s} \tag{5-20}$$

填料直径 d 校核：

$$D_2/d = 150/16 = 9.38 > 8 \tag{5-21}$$

喷淋密度 G：

$$G = 4M/\pi D_2^2 = 30.98\text{m}^3/(\text{m}^2 \cdot \text{h}) \tag{5-22}$$

从以上数据可以看出，冷却吸收塔的参数选择是符合要求的。冷却吸收塔的进口连接分解炉的出口，总高950mm，直径为150mm，下部连接碱液贮槽，整个吸收液的循环由一个循环泵的动力得以完成。冷却吸收塔结构见图5-4，其上

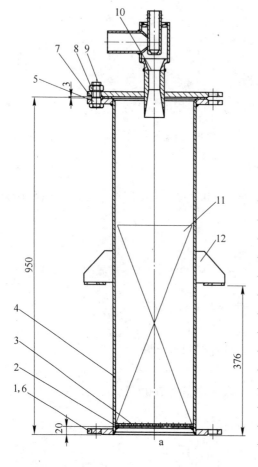

序号	名称	材料	数量
1	法兰	1Cr18Ni9Ti	2
2	圆钢	1Cr18Ni9Ti	1
3	筛板	1Cr18Ni9Ti	1
4	筒体	1Cr18Ni9Ti	1
5	接管	1Cr18Ni9Ti	1
6	法兰	1Cr18Ni9Ti	1
7	法兰盖	1Cr18Ni9Ti	1
8	螺母	1Cr18Ni9Ti	8
9	螺栓	1Cr18Ni9Ti	8
10	射流器	1Cr18Ni9Ti	1
11	钢环	1Cr18Ni9Ti	9L
12	支座	1Cr18Ni9Ti	2

图5-4　冷却吸收塔总图

部装有射流器（见图 6-5）。射流器由 1Cr18Ni9Ti 不锈钢制成，工作水流量为 2m³/h，工作水压力为 0.1MPa，射流器工作时在吸收塔的气体入口处形成负压，使燃烧炉尾气能顺利进入冷却吸收塔，降低燃烧炉排烟阻力。冷却吸收塔底部装有筛板，筛板为一直径 148mm，厚度为 4mm 的不锈钢板，其上均匀打 125 个直径为 6mm 的小孔，筛板上装填 Dn16 聚氯乙烯阶梯环，填料层高 500mm。冷却吸收塔按《钢制焊接常压容器技术条件》（JB 2880—81）进行制作、检验和验收。焊接采用电焊，其中不锈钢与不锈钢间、不锈钢与碳钢间采用奥 137 焊条，碳钢间采用 T422。焊接接头形式和尺寸除注明外按 GB 986—80 中的规定，角焊腰高按薄板厚度，法兰焊接按标准规定。设备安装后盛水测漏。安装时，筛板放在固定的不锈钢圆钢上。

5.2.3 溶碱槽和碱液贮槽

碱液贮槽与冷却吸收塔相连，安装于冷却吸收塔的下方，右上方有管与溶碱槽相连，侧面安装液位计，下部有管与循环泵相连。溶碱槽是为了更好地将碱液提供给碱液贮槽而设计的，用于迅速溶解氢氧化钠，在实验过程中及时供给反应所需的碱液。溶碱槽和碱液贮槽工作于常温常压下，要求耐酸碱，材质选用 PVC 塑料。就一般工艺而言，碱液贮槽和溶碱槽选择正圆柱形结构，两个规格应相等。

为保证吸收液能更好地吸收尾气，选择碱液循环时间 5min，则碱液贮槽的贮存量 Q 为：

$$Q = M \times 5\text{min} = 547.4\text{kg/h} \times 0.083\text{h} = 45.62\text{kg} \tag{5-23}$$

根据碱液贮槽的贮存量来计算碱液贮槽和溶碱槽的最小直径 D_3 为（水的密度 $\rho_{\text{H}_2\text{O}}$ 取 $1.0 \times 10^3\text{kg/m}^3$）：

$$D_3 = \sqrt[3]{\frac{4Q}{\pi \rho_{\text{H}_2\text{O}}}} = 387\text{mm} \tag{5-24}$$

碱液贮槽和溶碱槽选择 $\phi 500 \times 500$PVC 塑料制作，厚度为 8mm，容积为 0.1m³。设备总图见图 5-5 和图 5-6。

5.2.4 其他设备

燃烧炉、冷却吸收塔、碱液贮槽和溶碱槽是本套装置的主要设备，除此之外，还有预混合器、蒸汽饱和器等需要设计。预混合器是为了能够让 CFCs 和水蒸气、燃料、空气等充分混合，以提高 CFCs 燃烧降解过程的稳定性。预混合器

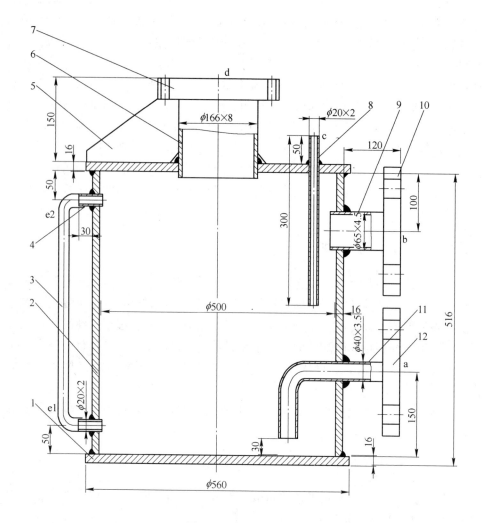

图 5-5　碱液贮槽总图

1—封头；2—筒体；3—液位计；4—软管接管；5—肋板；6—吸收塔接管；7—接吸收塔法兰；
8—溶碱槽接管；9—排气接管；10—排气法兰；11—排液接管；12—排液法兰

由 1Cr18Ni9Ti 制成，其垫子由橡胶制成，总重 1.5kg，容积为 0.044L。接头为三进一出，详见图 5-7。

蒸汽饱和器由市售多功能电饭煲改装而成，容量为 6L，水温控制在 18 ~ 25℃范围内，将一次空气通入，鼓泡饱和水蒸气后送入预混合器。

空气由空气压缩机（型号 V-0.08/8）和旋片式真空泵（型号 2XZ-2）供给。空压机、循环泵、蒸汽饱和器加热、溶碱槽集中到控制面板上统一控制，面板结构见图 5-8。设备装配图见图 5-9。

整套设备委托昆明道一科技有限公司加工。

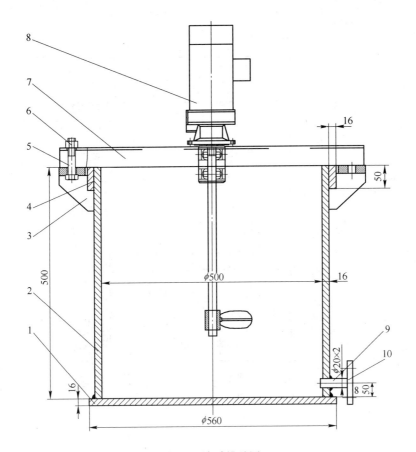

图 5-6 溶碱槽总图

1—封头；2—筒体；3—支座；4—加强圈；5—螺栓；6—螺母；

7—槽钢；8—减速机；9—碱液贮槽接管；10—法兰

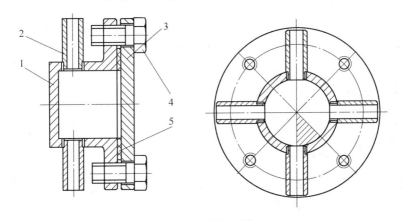

图 5-7 预混合器

1—底座；2—接头；3—压盖；4—螺栓；5—垫子

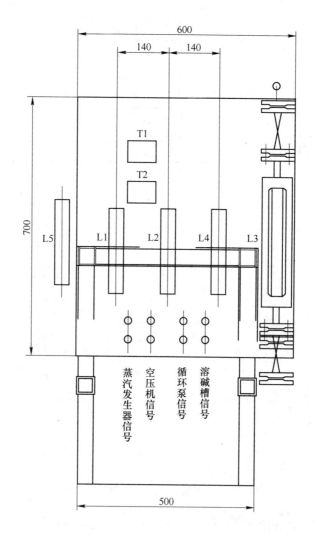

图 5-8　操作系统控制面板结构图

5.3　设备安装

　　各设备加工后，按图 5-9 进行组装，组装后的实物图见图 5-10。

5.4　设备调试与运行

　　LPG 实验气量为 0.15m³/h。无 CFC-12 负荷时燃烧炉内温度（测温点距燃烧器喷嘴上方 25cm）变化情况见图 5-11。

　　从图 5-11 可以看出，在不同的空气过剩系数下分解炉升温有所不同，α 从 0.9 变化到 1.2，总体上来看升温速率呈上升趋势，达到 1.3 时升温速率有所下

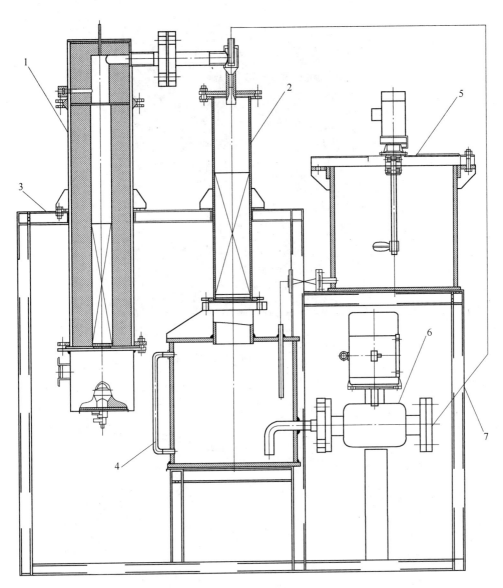

图 5-9 氟利昂分解系统设备组装图

1—氟利昂分解炉；2—冷却吸收塔；3—支架；4—碱液贮槽；

5—溶碱槽；6—液体循环泵；7—透明胶管

降。其中，只有 $\alpha = 1.1$ 和 1.2 时，炉内温度才能达到 $1100\,℃$ 以上，其他几种情况皆不符合要求，α 取 1.2，与原来的实验结果一致。

为检验该设备处理 CFC-12 的效果，我们使用它在以下工艺条件下满负荷连续运行了 6h：CFC-12 与燃料、一次空气燃烧前预混合；空气过量系数 $\alpha = 1.2$；

图 5-10 CFC-12 分解中试设备实物图

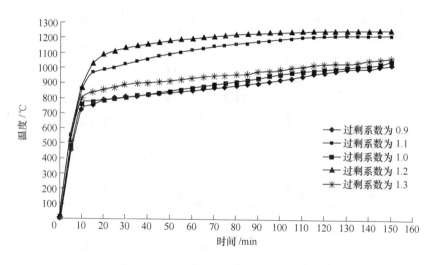

图 5-11 不同过剩空气系数下炉内温度变化图

一次空气占总气量的 40%，并用水鼓泡饱和，流量为 2520L/h，二次空气 3780L/h；LPG 流量为 185.5L/h；CFC-12 流量为 371L/h。吸收液为 5% 的 NaOH 溶液。运行过程中每小时进行一次监测，得到的 CFC-12 分解率见表 5-2，其他指标的平均值列在表 5-3 中。

表 5-2　设备运行过程中 CFC-12 分解率

序　号	1	2	3	4	5	6	平　均
$\beta/\%$	99.95	99.90	99.97	99.93	99.98	99.97	99.95

表 5-3　CFC-12 处理设备的各项指标对照

指　标	设 计 要 求	实 际 水 平	评　价
额定 CFC-12 处理能力/kg·h⁻¹	2	2.002	达到设计要求
燃烧器热负荷/MJ·h⁻¹	23.1	21.4	设计值的92.6%
烟气停留时间/s	$\geqslant 1$	0.63	不符合设计要求
炉温/℃	$\geqslant 1100$	$\geqslant 1100$	符合设计要求
燃烧效率/%	$\geqslant 99.9$	99.97	符合设计要求
CFC-12 分解率/%	$\geqslant 99.9$	99.95	符合设计要求
CFC/LPG	2.0	2.0	符合设计要求
尾气中 HCl/mg·m⁻³	$\leqslant 100$	18	符合设计要求
尾气中 HF/mg·m⁻³	$\leqslant 9$	未检出	符合设计要求
尾气中 CO/mg·m⁻³	$\leqslant 100$	22	符合设计要求
尾气中二噁英类/ng·m⁻³	$\leqslant 0.5$ TEQ	未送检	无法评价

实验结束后，吸收液用饱和 $Ca(OH)_2$ 溶液处理，得到 CaF_2 7330g，氟的回收率达到92.3%。

从设备运行情况来看，除烟气停留时间一项指标外，其余指标均达到了设计要求，满负荷试车时，CFC/LPG 值为2.0，与前期实验过程中的最好水平持平，并且设备运行更加稳定，说明随着燃烧规模的扩大，我们得到的工艺及参数也是适用的。

5.5　本章小结

根据 CHRFPPF 工艺要求，参考相关标准，制作了一套 CFC-12 处理能力为 2kg/h 的中试设备，为工业化应用打下了良好的基础。

（1）提出设备设计任务，据此设计制作了一套 CFC-12 处理能力为 2kg/h 的中试设备。

（2）设备燃烧过程稳定，CFC-12 分解率大于99.9%，氟回收率为92.3%，处理能力等指标达到设计要求。

（3）CHRFPPF 工艺的实现，验证了理论和实验研究成果，为工业化应用打下了良好的基础。

附 录

附录 A 几种主要 CFCs 的物理性质

表 A-1 几种主要 CFCs 的物理性质

简 称	CFC-11	CFC-12	CFC-13	CFC-22
化学式	CCl_3F	CCl_2F_2	$CClF_3$	$CHClF_2$
相对分子质量	137.38	120.92	104.47	86.48
沸点/℃	23.77	−29.80	−81.50	−40.80
临界温度/℃	198.0	112.0	28.8	96.0
临界压力/MPa	4.32	4.095	3.94	5.03
临界容积/mL·mL^{-1}	247	216	179	164
凝固点/℃	−111	−158	−181	−160
液体密度/g·mL^{-1}	1.466	1.294	1.296(−30℃)	1.177
饱和蒸汽密度(BP)/g·L^{-1}	5.86	6.26	6.9	4.83
液体比热容(30℃)/J·(g·℃)$^{-1}$	0.874	1.016	1.045(−30℃)	1.463
蒸汽比热容(c_p30℃)/J·(g·℃)$^{-1}$	0.564	0.614	0.577	0.635
比热比(c_p/c_v)30℃ 0.1MPa	1.136	1.136	1.172(−30℃)	1.184
液体传导热率(0.1MPa)/kJ·(mm·℃)$^{-1}$	0.3738	0.3060	0.56(−70℃)	0.3574
蒸汽传导热率(30℃ 0.1MPa)/kJ·(mm·℃)$^{-1}$	0.03010	0.03469		0.04218
蒸汽潜热(BP)/J·g^{-1}	181.9	167.1	149.5	233.7
在100g 水中的溶解度/g		0.026	0.009	0.12
1m^3 气体在15℃,0.1MPa 时液体体积/L	3.83	3.33	3.095	1.92

附录 B　CFC-12 在 LPG 燃烧场中的可能反应机理（388 个反应）

第一组　CFC-12 的第一步分解反应（共 29 个）

代号	反应式	代号	反应式
R11	$CCl_2F_2 + OH \longrightarrow CClF_2 + HOCl$	R116	$CCl_2F_2 + HO_2 \longrightarrow CCl_2F + HOOF$
R12	$CCl_2F_2 + OH \longrightarrow CCl_2F + HOF$	R117	$CCl_2F_2 + CHO \longrightarrow CClF_2 + HCOCl$
R13	$CCl_2F_2 \longrightarrow CClF_2 + Cl$	R118	$CCl_2F_2 + H_2O \longrightarrow CCl_2F + OH + HF$
R14	$CCl_2F_2 + Cl \longrightarrow CClF_2 + Cl_2$	R119	$CCl_2F_2 + CH_2 \longrightarrow CClF_2CH_2Cl$
R15	$CCl_2F_2 + Cl \longrightarrow CCl_2F + ClF$	R120	$CCl_2F_2 + CH_2 \longrightarrow CCl_2FCH_2F$
R16	$CCl_2F_2 + O \longrightarrow CClF_2 + ClO$	R121	$CCl_2F_2 + CH_2 \longrightarrow CClF_2 + CH_2Cl$
R17	$CCl_2F_2 + O \longrightarrow CCl_2F + FO$	R122	$CCl_2F_2 + CH_2 \longrightarrow CCl_2F + CH_2F$
R18	$CCl_2F_2 + H \longrightarrow CClF_2 + HCl$	R123	$CCl_2F_2 + H_2O \longrightarrow COF_2 + 2HCl$
R19	$CCl_2F_2 + H \longrightarrow CCl_2F + HF$	R124	$CCl_2F_2 + H_2O \longrightarrow CF_2Cl(OH) + HCl$
R110	$CCl_2F_2 + CH_3 \longrightarrow CClF_2 + CH_3Cl$	R125	$CCl_2F_2 + H_2O \longrightarrow CFCl_2(OH) + HF$
R111	$CCl_2F_2 + HO_2 \longrightarrow CClF_2 + HOOCl$	R126	$CF_2Cl(OH) \longrightarrow COF_2 + HCl$
R112	$CCl_2F_2 + CHO \longrightarrow CClF_2 + HCOCl$	R127	$CF_2Cl(OH) \longrightarrow COFCl + HF$
R113	$CCl_2F_2 \longrightarrow CCl_2F + F$	R128	$CFCl_2(OH) \longrightarrow COFCl + HCl$
R114	$CCl_2F_2 + H_2O \longrightarrow CClF_2 + OH + HCl$	R129	$CFCl_2(OH) \longrightarrow COCl_2 + HF$
R115	$CCl_2F_2 + CH_3 \longrightarrow CCl_2F + CH_3F$		

第二组　CF_2Cl 自由基的后续中间反应（共 298 个）

2.1　直接生成 CF_2 的反应

代号	反应式	代号	反应式
R211	$CF_2Cl \longrightarrow CF_2 + Cl$	R2110	$CF_2Cl + OH \longrightarrow CFCl + HOF$
R212	$CF_2Cl + Cl \longrightarrow CF_2 + Cl_2$	R2111	$CF_2Cl + HO_2 \longrightarrow CFCl + HOOF$
R213	$CF_2Cl + H \longrightarrow CF_2 + HCl$	R2112	$CF_2Cl + CH_3 \longrightarrow CFCl + CH_3F$
R214	$CF_2Cl + OH \longrightarrow CF_2 + HOCl$	R2113	$CF_2Cl + O \longrightarrow CF_2 + ClO$
R215	$CF_2Cl + HO_2 \longrightarrow CF_2 + HOOCl$	R2114	$CF_2Cl + O \longrightarrow CFCl + FO$
R216	$CF_2Cl + CH_3 \longrightarrow CF_2 + CH_3Cl$	R2115	$CF_2Cl + CHO \longrightarrow CF_2 + HCOCl$
R217	$CF_2Cl \longrightarrow CFCl + F$	R2116	$CF_2Cl + CHO \longrightarrow CFCl + HCOF$
R218	$CF_2Cl + Cl \longrightarrow CFCl + ClF$	R2117	$CF_2Cl + F \longrightarrow CF_2 + ClF$
R219	$CF_2Cl + H \longrightarrow CFCl + HF$	R2118	$CF_2Cl + F \longrightarrow CFCl + F_2$

2.2　直接生成 COF_2 和 COFCl 的反应

代号	反应式	代号	反应式
R221	$CF_2Cl + O_2 \longrightarrow COF_2 + ClO$	R223	$CF_2Cl + OH \longrightarrow COF_2 + HCl$
R222	$CF_2Cl + O \longrightarrow COF_2 + Cl$	R224	$CF_2Cl + OH \longrightarrow COFCl + HF$

2.3　生成 CF_2ClO_2 及后续反应

代号	反应式	代号	反应式
R231	$CF_2Cl + O_2 \longrightarrow CF_2ClO_2$	R2310	$CF_2Cl(OOO) \longrightarrow CF_2ClO + O_2$
R232	$2CF_2ClO_2 \longrightarrow CF_2ClOOOOCF_2Cl$	R2311	$CF_2ClO_2 + H \longrightarrow CF_2ClO + OH$
R233	$CF_2ClO_2 + HO_2 \longrightarrow CF_2Cl(OOH) + O_2$	R2312	$CF_2ClO_2 + F \longrightarrow CF_2OO + ClF$
R234	$CF_2Cl(OOH) \longrightarrow COF_2 + HOCl$	R2313	$CF_2ClO_2 + Cl \longrightarrow CF_2OO + Cl_2$
R235	$CF_2Cl(OOH) \longrightarrow CF_2OO + HCl$	R2314	$CF_2ClOOOOCF_2Cl \longrightarrow CF_2ClO + CF_2Cl(OOO)$
R236	$CF_2OO + H \longrightarrow COF_2 + OH$	R2315	$CF_2OO + H \longrightarrow COF_2 + OH$
R237	$CF_2Cl(OOH) + H \longrightarrow CF_2ClO + H_2O$	R2316	$CF_2OO + Cl \longrightarrow COF_2 + ClO$
R238	$CF_2Cl(OOH) + Cl \longrightarrow CF_2ClO + HOCl$	R2317	$CF_2OO + F \longrightarrow COF_2 + FO$
R239	$CF_2Cl(OOH) + F \longrightarrow CF_2ClO + HOF$	R2318	$CF_2ClO_2 \longrightarrow COF_2 + ClO$

2.4　生成 $CF_2Cl(OH)/CF_2ClO$ 及后续反应

代号	反应式	代号	反应式
R241	$CF_2Cl + O \longrightarrow CF_2ClO$	R245	$CF_2ClO + OH \longrightarrow COF_2 + HOCl$
R242	$CF_2Cl + OH \longrightarrow CF_2Cl(OH)$	R246	$CF_2ClO + H \longrightarrow COF_2 + HCl$
R243	$CF_2Cl(OH) + OH \longrightarrow CF_2ClO + H_2O$	R247	$CF_2ClO \longrightarrow COF_2 + Cl$
R244	$CF_2Cl(OH) \longrightarrow COF_2 + HCl$	R248	$CF_2ClO \longrightarrow COFCl + F$

2.5　与甲基自由基反应生成 CF_2ClCH_3 及其后续反应

代号	反应式	代号	反应式
R251	$CF_2Cl + CH_3 \longrightarrow CF_2ClCH_3$	R253	$CF_2ClCH_3 \longrightarrow CF_2 + CH_3Cl$
R252	$CF_2ClCH_3 \longrightarrow C_2H_2F_2 + HCl$		

2.6　$CF_2/CFCl$ 的反应

代号	反应式	代号	反应式
R261	$CF_2 + CH_3 \longrightarrow CF_2CH_2 + H$	R267	$CF_2 + OH \longrightarrow FCO + HF$
R262	$CF_2 + OH \longrightarrow COF_2 + H$	R268	$CF_2 + CH_3 \longrightarrow CHF_2CH_2$
R263	$CF_2 + HO_2 \longrightarrow COF_2 + OH$	R269	$CF_2 + H_2O \longrightarrow CHF_2(OH)$
R264	$CF_2 + O \longrightarrow COF_2$	R2610	$CF_2 + H \longrightarrow CF + HF$
R265	$CF_2 + H \longrightarrow CF + HF$	R2611	$CF_2 + CH_3 \longrightarrow CF + CH_3F$
R266	$CF_2 + O \longrightarrow FCO + F$	R2612	$CF_2 \longrightarrow CF + F$

代号	反应式	代号	反应式
R2613	$CF_2 + HO_2 \longrightarrow CF_2O(OH)$	R2637	$CFCl + OH \longrightarrow FCO + HCl$
R2614	$CF_2 + HO_2 \longrightarrow COF + HOF$	R2638	$CFCl + OH \longrightarrow ClCO + HF$
R2615	$CF + OH \longrightarrow CO + HF$	R2639	$CFCl + HO_2 \longrightarrow CF + HOOCl$
R2616	$CF + HO_2 \longrightarrow CFO(OH)$	R2640	$CFCl + HO_2 \longrightarrow CCl + HOOF$
R2617	$CF_2 + CH_2 \longrightarrow CF_2CH_2$	R2641	$CFCl + HO_2 \longrightarrow FCO + HOCl$
R2618	$CF_2 + CH_2 \longrightarrow CHF_2CH$	R2642	$CFCl + HO_2 \longrightarrow ClCO + HOF$
R2619	$CF_2 + O_2 \longrightarrow FCO + FO$	R2643	$CFCl + HO_2 \longrightarrow CFClO(OH)$
R2620	$CF_2 + O_2 \longrightarrow COF_2 + O$	R2644	$CFCl + HO_2 \longrightarrow COFCl + OH$
R2621	$CF_2 + O_2 \longrightarrow FCOO + F$	R2645	$CFCl + H_2O \longrightarrow CHFCl(OH)$
R2622	$CF + HO_2 \longrightarrow CO_2 + HF$	R2646	$CFCl + O_2 \longrightarrow FCO + ClO$
R2623	$CFCl \longrightarrow CF + Cl$	R2647	$CFCl + O_2 \longrightarrow ClCO + FO$
R2624	$CFCl \longrightarrow CCl + F$	R2648	$CFCl + O_2 \longrightarrow COFCl + O$
R2625	$CFCl + H \longrightarrow CF + HCl$	R2649	$CFCl + O_2 \longrightarrow FCOO + Cl$
R2626	$CFCl + H \longrightarrow CCl + HF$	R2650	$CFCl + O_2 \longrightarrow ClCOO + F$
R2627	$CFCl + O \longrightarrow COFCl$	R2651	$CCl + OH \longrightarrow CO + HCl$
R2628	$CFCl + O \longrightarrow FCO + Cl$	R2652	$CCl + HO_2 \longrightarrow CClO(OH)$
R2628a	$CFCl + O \longrightarrow CF + ClO$	R2653	$CCl + HO_2 \longrightarrow CO_2 + HCl$
R2629	$CFCl + O \longrightarrow ClCO + F$	R2654	$CFCl + CH_3 \longrightarrow CFClCH_3$
R2629a	$CFCl + O \longrightarrow CCl + FO$	R2655	$CFCl + HO_2 \longrightarrow FCOOH + Cl$
R2630	$CFCl + CH_3 \longrightarrow CFClCH_2 + H$	R2656	$CFCl + OH \longrightarrow CFCl(OH)$
R2631	$CFCl + CH_3 \longrightarrow CHFClCH_2$	R2657	$CFCl(OH) \longrightarrow COFCl + H$
R2632	$CFCl + CH_3 \longrightarrow CF + CH_3Cl$	R2658	$CFCl(OH) + OH \longrightarrow COFCl + H_2O$
R2633	$CFCl + CH_3 \longrightarrow CCl + CH_3F$	R2659	$CFCl(OH) + F \longrightarrow COFCl + HF$
R2634	$CFCl + OH \longrightarrow COFCl + H$	R2660	$CFCl(OH) + Cl \longrightarrow COFCl + HCl$
R2635	$CFCl + OH \longrightarrow CF + HOCl$	R2661	$CFCl + HO_2 \longrightarrow CFCl(OOH)$
R2636	$CFCl + OH \longrightarrow CCl + HOF$	R2662	$CFCl(OOH) \longrightarrow FCOO + HCl$

2.7 COFCl/COHF 的反应

代号	反应式	代号	反应式
R271	$COFCl + H_2O \longrightarrow FCO(OH) + HCl$	R2712	$CFCl(OH)_2 \longrightarrow FCO(OH) + HCl$
R272	$COFCl + H_2O \longrightarrow CFCl(OH)_2$	R2713	$CFCl(OH)_2 \longrightarrow ClCO(OH) + HF$
R273	$COFCl + H_2O \longrightarrow ClCO(OH) + HF$	R2714	$COHF + H_2O \longrightarrow HCO(OH) + HF$
R274	$COFCl + H \longrightarrow FCO + HCl$	R2715	$COHF + H_2O \longrightarrow FCO(OH) + H_2$
R275	$COFCl + H \longrightarrow ClCO + HF$	R2716	$COHF + H \longrightarrow FCO + H_2$
R276	$COFCl + O \longrightarrow FCO + ClO$	R2717	$COHF + H \longrightarrow HCO + HF$
R277	$COFCl + O \longrightarrow ClCO + FO$	R2718	$COHF + O \longrightarrow FCO + OH$
R278	$COFCl + OH \longrightarrow FCO + HOCl$	R2719	$COHF + O \longrightarrow HCO + FO$
R279	$COFCl + OH \longrightarrow ClCO + HOF$	R2720	$COHF + OH \longrightarrow FCO + H_2O$
R2710	$COFCl + HO_2 \longrightarrow FCO + HOOCl$	R2721	$COHF + OH \longrightarrow HCO + HOF$
R2711	$COFCl + HO_2 \longrightarrow ClCO + HOOF$		

2.8　COF_2 的反应

代号	反应式	代号	反应式
R281	$COF_2 + H_2O \longrightarrow CFO(OH) + HF$	R285	$COF_2 + OH \longrightarrow FCO + HOF$
R282	$COF_2 + H \longrightarrow FCO + HF$	R286	$COF_2 + HO_2 \longrightarrow FCO + HOOF$
R283	$COF_2 + CH_3 \longrightarrow FCO + HF + CH_2$	R287	$COF_2 \longrightarrow FCO + F$
R284	$COF_2 + O \longrightarrow FCO + FO$		

2.9　FCO/ClCO 的反应

代号	反应式	代号	反应式
R291	$FCO + M \longrightarrow F + CO + M$	R2915	$ClCO + OH \longrightarrow CO + HOCl$
R292	$FCO + H \longrightarrow HF + CO$	R2916	$ClCO + CH_3 \longrightarrow CO + CH_3Cl$
R293	$FCO + O \longrightarrow CO + FO$	R2917	$ClCO + HO_2 \longrightarrow ClCOOOH$
R294	$FCO + OH \longrightarrow CO + HOF$	R2918	$ClCO + CH_3 \longrightarrow ClCOCH_3$
R295	$FCO + CH_3 \longrightarrow CO + CH_3F$	R2919	$ClCOCH_3 \longrightarrow COCH_2 + HCl$
R296	$FCO + HO_2 \longrightarrow FCOOOH$	R2920	$COCH_2 \longrightarrow CO + CH_2$
R297	$FCO + CH_3 \longrightarrow FCOCH_3$	R2921	$ClCO + CH_2 \longrightarrow ClCOCH_2$
R298	$FCOCH_3 \longrightarrow COCH_2 + HF$	R2922	$ClCOCH_2 + H \longrightarrow COCH_2 + HCl$
R299	$COCH_2 \longrightarrow CO + CH_2$	R2923	$FCOCH_3 \longrightarrow CO + CH_3F$
R2910	$FCO + CH_2 \longrightarrow FCOCH_2$	R2924	$FCOCH_3 + O \longrightarrow CO_2 + CH_3F$
R2911	$FCOCH_2 + H \longrightarrow COCH_2 + HF$	R2925	$FCOCH_3 + F \longrightarrow COF_2 + CH_3$
R2912	$ClCO + M \longrightarrow Cl + CO + M$	R2926	$FCOCH_3 + Cl \longrightarrow COFCl + CH_3$
R2913	$ClCO + H \longrightarrow HCl + CO$	R2927	$FCOCH_3 + F \longrightarrow FCO + CH_3F$
R2914	$ClCO + O \longrightarrow CO + ClO$	R2928	$FCOCH_3 + CH_3 \longrightarrow COCH_3 + CH_3F$

2.10　其他中间反应（127 个）

代号	反应式	代号	反应式
RS1	$FCOOOH \longrightarrow FCO_2 + OH$	RS11	$HOCl + O \longrightarrow HCl + O_2$
RS2	$FCOOOH \longrightarrow HF + COOO$	RS12	$HOCl + Cl \longrightarrow HCl + ClO$
RS3	$FCOOOH \longrightarrow HOOF + CO$	RS13	$HOCl + Cl \longrightarrow Cl_2 + OH$
RS4	$COOO \longrightarrow CO + O_2$	RS14	$HOCl + HO_2 \longrightarrow OH + HOOCl$
RS5	$CHF_2CH_2 \longrightarrow CFCH_2 + HF$	RS15	$HOOCl \longrightarrow O_2 + HCl$
RS6	$HOCl + H \longrightarrow H_2O + Cl$	RS16	$ClO + H_2 \longrightarrow Cl + H_2O$
RS7	$HOCl + H \longrightarrow OH + HCl$	RS17	$ClO + H \longrightarrow HCl + O$
RS8	$HOCl + H \longrightarrow H_2 + ClO$	RS18	$ClO + O \longrightarrow Cl + O_2$
RS9	$HOCl + OH \longrightarrow H_2O + ClO$	RS19	$ClO + Cl \longrightarrow Cl_2 + O$
RS10	$HOCl + O \longrightarrow OH + ClO$	RS20	$ClO + OH \longrightarrow HCl + O_2$

代号	反应式	代号	反应式
RS21	$H_2O + ClO \longrightarrow HOCl + OH$	RS48	$CH_3Cl \longrightarrow CH_3 + Cl$
RS22	$HOF + H \longrightarrow H_2O + F$	RS49	$ClCOOOH \longrightarrow HOOCl + CO$
RS23	$HOF + H \longrightarrow OH + HF$	RS50	$ClCOOOH \longrightarrow ClCO_2 + OH$
RS24	$HOF + H \longrightarrow H_2 + FO$	RS51	$ClCOOOH \longrightarrow HCl + COOO$
RS25	$HOF + OH \longrightarrow H_2O + FO$	RS52	$ClF + OH \longrightarrow HOCl + F$
RS26	$HOF + O \longrightarrow OH + FO$	RS53	$Cl_2 \longrightarrow Cl + Cl$
RS27	$HOF + O \longrightarrow HF + O_2$	RS54	$COCH_2 + O \longrightarrow CO + CH_2O$
RS28	$HOF + Cl \longrightarrow HCl + FO$	RS55	$COCH_2 + HO \longrightarrow CO + CH_2OH$
RS29	$HOF + Cl \longrightarrow ClF + OH$	RS56	$COCH_2 + HO_2 \longrightarrow COOO + CH_3$
RS30	$HOF + HO_2 \longrightarrow OH + HOOF$	RS57	$CHF_2CH_2 + O \longrightarrow CF_2CH_2 + OH$
RS31	$HOOF \longrightarrow O_2 + HF$	RS58	$CHF_2CH_2 + H \longrightarrow CF_2CH_2 + H_2$
RS32	$ClF + H \longrightarrow HF + Cl$	RS59	$CHF_2CH_2 + OH \longrightarrow CF_2CH_2 + H_2O$
RS33	$ClF + H \longrightarrow HCl + F$	RS60	$CF_2O(OH) + H \longrightarrow FCO(OH) + HF$
RS34	$ClF + OH \longrightarrow HOF + Cl$	RS61	$CF_2O(OH) + H \longrightarrow COF_2 + H_2O$
RS35	$FO + H_2 \longrightarrow F + H_2O$	RS62	$CF_2O(OH) + OH \longrightarrow FCO(OH) + HOF$
RS36	$FO + H \longrightarrow HF + O$	RS63	$CF_2O(OH) + HO_2 \longrightarrow FCO(OH) + HOOF$
RS37	$FO + O \longrightarrow F + O_2$	RS64	$CF_2O(OH) \longrightarrow FCOO + HF$
RS38	$FO + OH \longrightarrow HOOF$	RS65	$CHFCl(OH) \longrightarrow COFCl + H_2$
RS39	$FO + H_2O \longrightarrow HOF + OH$	RS66	$CHFCl(OH) \longrightarrow HCOF + HCl$
RS40	$CF_2CH_2 + OH \longrightarrow COF_2 + CH_3$	RS67	$CHFCl(OH) \longrightarrow HCOCl + HF$
RS40a	$CF_2CH_2 + OH \longrightarrow CF_2OHCH_2$	RS68	$HCOF \longrightarrow CO + HF$
RS40b	$CF_2OHCH_2 \longrightarrow CF_2OCH_3$	RS69	$HCOF + OH \longrightarrow FCO + H_2O$
RS40c	$CF_2OCH_3 \longrightarrow COF_2 + CH_3$	RS70	$HCOF + H \longrightarrow FCO + H_2$
RS41	$CF_2CH_2 + O \longrightarrow COF_2 + CH_2$	RS71	$HCOF + F \longrightarrow FCO + HF$
RS42	$CF_2CH_2 + O \longrightarrow CF_2 + CH_2O$	RS72	$HCOF + Cl \longrightarrow FCO + HCl$
RS42a	$CF_2CH_2 + O \longrightarrow CF_2OCH_2$	RS73	$HCOF + H \longrightarrow HCO + HF$
RS42b	$CF_2OCH_2 \longrightarrow CF_2 + CH_2O$	RS74	$CFCH_2 + O \longrightarrow COF + CH_2$
RS43	$CHF_2(OH) \longrightarrow HCOF + HF$	RS75	$CHFClCH_2 \longrightarrow CFCH_2 + HCl$
RS44	$HCOF \longrightarrow CO + HF$	RS76	$CHFClCH_2 \longrightarrow CClCH_2 + HF$
RS44a	$HCOF + OH \longrightarrow FCO + H_2O$	RS77	$CHFClCH_2 + O \longrightarrow CHFCH_2 + ClO$
RS44b	$HCOF + H_2O \longrightarrow CHO(OH) + HF$	RS78	$CHFClCH_2 + O \longrightarrow CHClCH_2 + FO$
RS44c	$HCOF + H_2O \longrightarrow CFO(OH) + H_2$	RS79	$CHFClCH_2 + O \longrightarrow CHFCl + CH_2O$
RS44d	$HCOF + HO_2 \longrightarrow FCO + H_2O_2$	RS80	$CHFClCH_2 + O \longrightarrow CFClCH_2 + OH$
RS45	$CH_3Cl + H \longrightarrow CH_3 + HCl$	RS81	$CHFClCH_2 + H \longrightarrow CHClCH_2 + HF$
RS46	$CH_3Cl + OH \longrightarrow CH_3 + HOCl$	RS82	$CHFClCH_2 + H \longrightarrow CFClCH_2 + H_2$
RS47	$CH_3Cl \longrightarrow CH_2 + HCl$	RS83	$CHFClCH_2 + H \longrightarrow CHFCH_2 + HCl$

代号	反应式	代号	反应式
RS84	$CHFClCH_2 + OH \longrightarrow CHClCH_2 + HOF$	RS101	$CFClCH_3 + O \longrightarrow CFClCH_2 + OH$
RS85	$CHFClCH_2 + OH \longrightarrow CFClCH_2 + H_2O$	RS102	$CFClCH_3 + OH \longrightarrow CFClCH_2 + H_2O$
RS86	$CHFClCH_2 + OH \longrightarrow CHFCH_2 + HOCl$	RS103	$CFClCH_3 + H \longrightarrow CFClCH_2 + H_2$
RS87	$CFClCH_2 + O \longrightarrow CFCl + CH_2O$	RS104	$CFClCH_3 + Cl \longrightarrow CFClCH_2 + HCl$
RS88	$CFClCH_2 + O \longrightarrow COFCl + CH_2$	RS105	$CFClCH_3 + OH \longrightarrow CFCl(OH)CH_3$
RS89	$CHFCH_2 + O \longrightarrow HCFOCH_2$	RS106	$CFCl(OH)CH_3 \longrightarrow COFCl + CH_4$
RS90	$HCFOCH_2 \longrightarrow HCOF + CH_2$	RS107	$CFCl(OH)CH_3 \longrightarrow COFCH_3 + HCl$
RS91	$HCFOCH_2 \longrightarrow HCF + CH_2O$	RS108	$CFClCH_3 + OH \longrightarrow CFClCH_2 + H_2O$
RS92	$HCFOCH_2 \longrightarrow FCO + CH_3$	RS109	$CHFCH_2 + O \longrightarrow HCOF + CH_2$
RS93	$CHFCH_2 + OH \longrightarrow CHFOHCH_2$	RS110	$HCO + H \longrightarrow CO + H_2$
RS94	$CHFOHCH_2 \longrightarrow COHFCH_3$	RS111	$HCO + O \longrightarrow CO + OH$
RS95	$COHFCH_3 \longrightarrow COHF + CH_3$	RS113	$HCO + OH \longrightarrow CO + H_2O$
RS96	$CHFOHCH_2 \longrightarrow COHF + CH_3$	RS114	$HCO + O_2 \longrightarrow CO + HO_2$
RS97	$CHFCH_2 + OH \longrightarrow CFCH_2 + H_2O$	RS115	$H_2 + HCl \longrightarrow H + HCl$
RS98	$CHFCH_2 + O_2 \longrightarrow CFCH_2 + HO_2$	RS116	$H + Cl_2 \longrightarrow Cl + HCl$
RS99	$CFCH_2 + O_2 \longrightarrow CH_2O + FCO$	RS117	$H + Cl \longrightarrow HCl$
RS100	$CFClCH_3 + O \longrightarrow COFCl + CH_3$	RS118	$H + F \longrightarrow HF$

第三组　生成 CO_2 的反应（共 25 个）

代号	反应式	代号	反应式
R31	$FCO(OH) \longrightarrow CO_2 + HF$	R314	$ClCO(OH) \longrightarrow CO_2 + HCl$
R32	$COF + OH \longrightarrow CO_2 + HF$	R315	$FCOO + H \longrightarrow CO_2 + HF$
R33	$COOO \longrightarrow CO_2 + O$	R316	$ClCO_2 + H \longrightarrow CO_2 + HCl$
R34	$FCOOOH \longrightarrow HOF + CO_2$	R317	$ClCO + OH \longrightarrow CO_2 + HCl$
R35	$FCO + HO_2 \longrightarrow CO_2 + HOF$	R318	$ClCO + O \longrightarrow CO_2 + Cl$
R36	$COOO + H \longrightarrow CO_2 + OH$	R319	$COCH_2 + HO_2 \longrightarrow CO_2 + CH_2OH$
R37	$COOO + O \longrightarrow CO_2 + O_2$	R320	$COCH_2 + HO \longrightarrow CO_2 + CH_3$
R38	$COOO + CO \longrightarrow CO_2 + CO_2$	R321	$COCH_2 + O \longrightarrow CO_2 + CH_2$
R39	$FCO + O \longrightarrow CO_2 + F$	R322	$COCH_2 + HO_2 \longrightarrow CO_2 + CH_3O$
R310	$CO + OH \longrightarrow CO_2 + H$	R323	$FCOO + OH \longrightarrow CO_2 + HOF$
R311	$CO + O_2 \longrightarrow CO_2 + O$	R324	$HCO + O \longrightarrow CO_2 + H$
R312	$CO + O \longrightarrow CO_2$	R325	$HCO(OH) \longrightarrow CO_2 + H_2$
R313	$CO + HO_2 \longrightarrow CO_2 + OH$		

第四组 其他重要反应（共 36 个）

4.1 燃烧抑制强化反应

代号	反应式	代号	反应式
R411	$C_4H_{10} + Cl \longrightarrow C_4H_9 + HCl$	R4115	$C_3H_6 + F \longrightarrow C_3H_5 + HF$
R412	$C_3H_6 + Cl \longrightarrow C_3H_5 + HCl$	R4116	$C_4H_8 + F \longrightarrow C_4H_7 + HF$
R413	$C_4H_8 + Cl \longrightarrow C_4H_7 + HCl$	R4117	$C_3H_8 + F \longrightarrow C_3H_7 + HF$
R414	$C_3H_8 + Cl \longrightarrow C_3H_7 + HCl$	R4118	$C_4H_9 + F \longrightarrow C_4H_8 + HF$
R415	$C_4H_9 + Cl \longrightarrow C_4H_8 + HCl$	R4119	$C_3H_5 + F \longrightarrow C_3H_4 + HF$
R416	$C_3H_5 + Cl \longrightarrow C_3H_4 + HCl$	R4120	$C_4H_7 + F \longrightarrow C_4H_6 + HF$
R417	$C_4H_7 + Cl \longrightarrow C_4H_6 + HCl$	R4121	$C_3H_7 + F \longrightarrow C_3H_6 + HF$
R418	$C_3H_7 + Cl \longrightarrow C_3H_6 + HCl$	R4122	$CH_3 + F \longrightarrow CH_2 + HF$
R419	$CH_3 + Cl \longrightarrow CH_2 + HCl$	R4123	$OH + HF \longrightarrow H_2O + F$
R4110	$OH + HCl \longrightarrow H_2O + Cl$	R4124	$H + HF \longrightarrow H_2 + F$
R4111	$H + HCl \longrightarrow H_2 + Cl$	R4125	$O + HF \longrightarrow OH + F$
R4112	$O + HCl \longrightarrow OH + Cl$	R4126	$HO_2 + HF \longrightarrow H_2O_2 + F$
R4113	$HO_2 + HCl \longrightarrow H_2O_2 + Cl$	R4127	$Cl_2 \longrightarrow Cl + Cl$
R4114	$C_4H_{10} + F \longrightarrow C_4H_9 + HF$		

4.2 水的反应

代号	反应式	代号	反应式
R421	$H_2O + Cl \longrightarrow HCl + OH$	R426	$H_2O + F \longrightarrow H_2 + FO$
R422	$H_2O + Cl \longrightarrow HOCl + H$	R427	$H_2O \longrightarrow H + OH$
R423	$H_2O + Cl \longrightarrow H_2 + ClO$	R428	$H_2O + O \longrightarrow OH + OH$
R424	$H_2O + F \longrightarrow HF + OH$	RT	$H + O_2 \longrightarrow OH + O$
R425	$H_2O + F \longrightarrow HOF + H$		

附录 C　CFD 数值模拟

1. 数学模型

本书的研究重点在于不同燃料入口喷射方式对燃烧器内温度场及流场分布的影响，所以可不必模拟动力学细节现象，如点燃、熄灭和低 D_a 数流工况，因此采用解算物质输运方程和湍流混合控制反应率的涡耗散模型（Eddy-Dissipation Model，EDM）最为适合。

在解化学物质的守恒方程时，主要是通过第 i 种物质的对流扩散方程预估每种物质的质量分数，Y_i。守恒方程采用以下的通用形式：

$$\frac{\partial}{\partial t}(\rho Y_i) + \nabla \cdot (\rho v Y_i) = -\nabla J_i + R_i + S_i \tag{C-1}$$

式中，R_i 是化学反应的净产生速率；S_i 为离散相及用户定义的源项导致的额外产生速率。在系统中出现 N 种物质时，需要解 $N-1$ 个这种形式的方程。由于质量分数的和必须为 1，第 N 种物质的分数通过 1 减去 $N-1$ 个已解得的质量分数得到。

湍流中的质量扩散由过程（C-2）给出：

$$J_i = -\left(\rho D_{i,m} + \frac{\mu_t}{Sc_t}\right)\nabla Y_i \tag{C-2}$$

式中，Sc_t 是湍流施密特数。

在燃烧器内，大部分燃料快速燃烧，其整体反应速率由湍流混合控制。在燃烧器入口处，湍流对流混合了冷的反应物和热的生成物进入反应区，在反应区迅速发生反应，这种燃烧是受混合过程限制的，其复杂而未知的化学反应动力学速率可以忽略掉。因此本书采用了被称为涡耗散模型湍流-化学反应相互作用模型。此模型认为反应速率由湍流控制，因此避开了代价高昂的 Arrhenius 化学动力学计算。

反应 r 中物质 i 的产生速率 $R_{i,r}$ 由下面两个表达式中较小的一个给出：

$$R_{i,r} = v'_{i,r} M_{w,i} A \rho \frac{\varepsilon}{k} \min_R\left(\frac{Y_R}{v'_{R,r} M_{w,R}}\right)$$

$$R_{i,r} = v'_{i,r} M_{w,i} AB \rho \frac{\varepsilon}{k} \frac{\Sigma_P Y_P}{\Sigma_j^N v''_{j,r} M_{w,j}} \tag{C-3}$$

式中，Y_P 是燃烧产物的质量分数；Y_R 是特定反应剂的质量分数，经验参数 A 和 B 分别取 0.4 和 0.5。

在方程（C-3）中，化学反应速率由大涡混合时间尺度 k/ε 控制，如同涡破碎模型一样。只要湍流出现（$k/\varepsilon > 0$），燃烧即可进行，不需要点火源来启动燃烧。

2. 模型的验证

计算如此复杂的三维湍流燃烧模型，有必要先建立三维验证模型。首先以长度为 50mm（燃烧器实际长度 1050mm）微型燃烧器，不考虑化学反应，但两个环状入口分别喷入温度不同的冷热流体，实现旋流混合效果，实现湍流流型同气体传热的耦合计算。再建立燃烧器长度为 500mm 的中型模型，加入典型的甲烷燃烧一次反应过程。最后完成全长 1050mm 的全尺寸燃烧器，加入烷类及烯类燃料的燃烧机制，实现旋流燃烧与射流燃烧的比较计算（见图 C-1 ~ 图 C-4）。

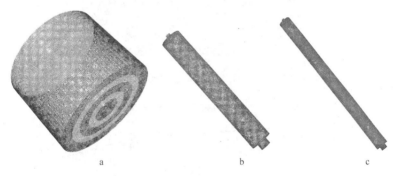

图 C-1　燃烧器几何模型网格划分
a—50mm 长网格；b—500mm 长网格；c—1050mm 长网格

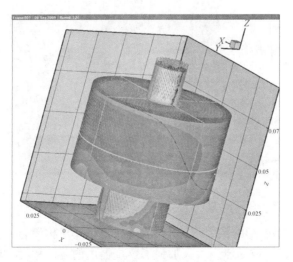

图 C-2　微型燃烧器三垂直截面位置及壁面旋流迹线

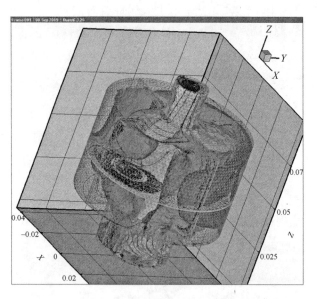

图 C-3　微型燃烧器网格及 Z 方向速度等值面分布图

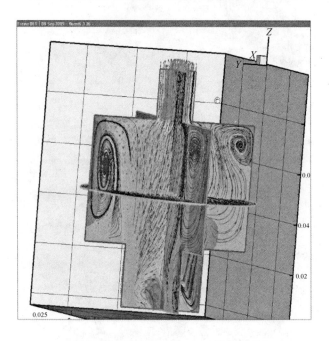

图 C-4　入口旋流情况下三垂直截面 Z 方向速度云图及迹线图

　　由图中可以看出，由于旋流作用，流场明显呈非对称流态，在近壁处有多个大小不一的漩涡，形成回流，大大加强了燃烧器内的湍流程度，将有助于湍流扩散燃烧的进行。

3. 网格及边界条件

将氟利昂分解燃烧器主体简化为长 1050mm，直径 40mm 的金属圆筒，燃料入口为双环形式，内环通入燃料与空气的混合物，外环通助燃空气。对几何模型采用四面体非结构化网格，网格数量达 534996。

燃料与助燃空气的比例与混合方式对燃烧器内温度场及流场分布有较大影响，因此入口速度的大小及方向是决定性的边界条件。本书对射流方式及旋流喷射分别进行了模拟计算。图 C-5a 显示射流方式的速度矢量分布均匀，而图 C-5b

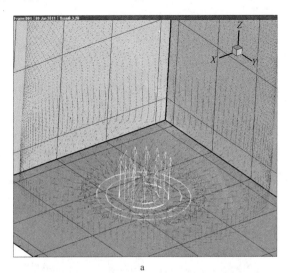

a

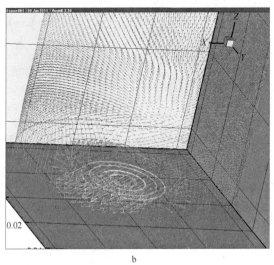

b

图 C-5　燃烧器进口边界速度矢量图
a—射流方式；b—旋流方式

显示的旋流喷射则造成了气流与壁面的相互碰撞，形成了复杂的涡旋矢量分布，这些边界条件对流场及温度场的影响将在随后的计算结果中得以体现。

为简化计算，燃烧器外壁面设为绝热面，因此计算出的温度场与实际相比偏高。为求得稳定的收敛解，将各燃烧组分的松弛因子减小到 0.8。在设定能量的残差收敛标准为 1e-05 的前提下，射流方式的计算过程残差变化起伏不定，经过 1803 次迭代方达到收敛。而旋流喷射的计算过程残差变化相对平缓，经过 681 次迭代方得到收敛解，残差曲线如图 C-6 所示。

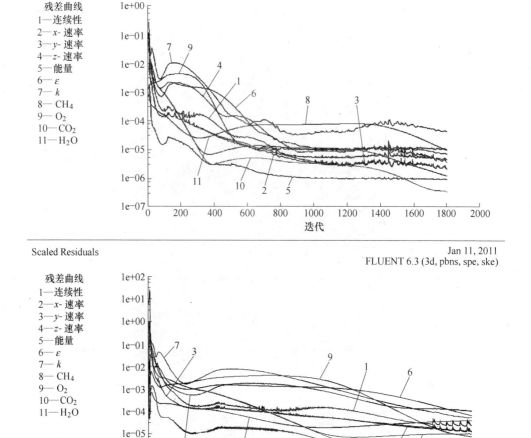

图 C-6　两种入口条件下的残差曲线图

在计算初始，将整个计算域的初始温度设定为 2200K，这种高温初始条件如同数字的"火花"点燃了燃料与助燃空气的混合物，启动迭代计算。

4. 计算结果与分析

在直射条件下，燃料与助燃空气在入口处不能很均匀地混合，导致主要反应区拉长，火焰长度较长。而旋流条件下，燃料与助燃空气在入口处即能充分混合，并与壁面发生接触，导致火焰方向有所偏转且长度较短。从图 C-3 中可明显看出在入口速度同为 3m/s 的前提下，旋流火焰长度只有射流火焰长度的 60% 左右。同时，由于射流中心区域的流速较大，导致燃烧器气流流动方向（即 Z 方向）上的温度梯度较大，在靠近出口处仍有较大的温度梯度存在，如图 C-7a 所示。而旋流条件下，气流在入口附近与壁面接触后形成较大的周向速度分量，一方面燃料与助燃空气混合均匀，燃烧更加充分，提供更高的分解温度；另一方面使燃烧器内温度分布均匀，在靠近出口处已基本无明显的温度梯度存在，如图 C-7b 所示。

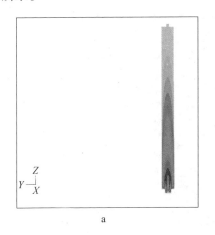 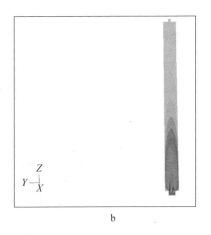

图 C-7 两种入口条件下火焰长度的比较

a—射流条件；b—旋流条件

为了证明上述分析的正确性，将计算结果导入到 Tecplot 中进行进一步的三维数据处理。为了显示方便，更改了坐标轴刻度的比例，使数据的图形化表现更加清晰。从图 C-8 可以看出两种入口条件下的温度等值面均呈现明显的半球形特征，但旋流条件下燃烧器上半部已没有不规则温度等值面的存在，说明其温度分布比射流条件下的温度场更加均匀，且旋流的面加权平均温度 1060.68K 也比射流条件下的面加权平均温度 1057.86K 略高。

为了得到更准确的对比数据，采用各组分的变比热容值重新进行计算，射流条件下的各点温度明显降低，而旋流条件下的各点温度则略有升高，如图 C-9 所

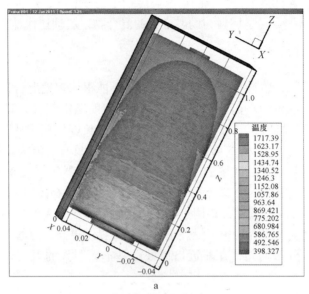

a

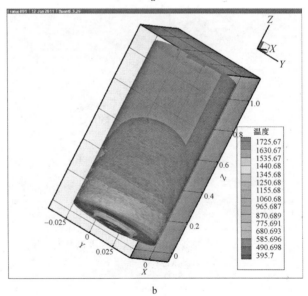

b

图 C-8　两种入口条件下温度等值面分布图
a—射流条件；b—旋流条件

示，二者的面加权平均温度相差约 11.4%。

接下来在计算域中取 $X=0$ 及 $Y=0$ 两个互相垂直的纵截面，在界面上绘制出燃烧器内气体流动的迹线图。射流条件下在入口端底面夹角处形成了气体滞留区，如图 C-9a 所示，造成了局部温度不均，不利于氟利昂的分解。而旋流条件

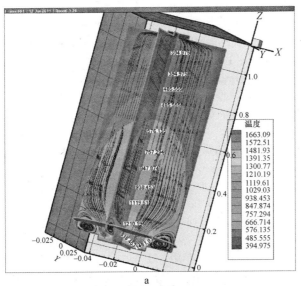

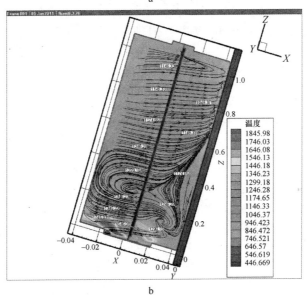

图 C-9　变比热计算条件下两种工况下迹线图比较

a—射流条件；b—旋流条件

下，在燃烧器下半部形成了两个大的涡流区，是燃料与助燃空气充分混合燃烧，得到均匀的高温环境。而上半部气流已发展为沿壁面旋转上升的稳态流动，因此几乎不存在温度梯度，这与温度场的计算结果十分吻合。

参 考 文 献

［1］ Molina M J, Rowland F S. Stratospheric Sink for Chlorofluoremethanes：Chlorine Atomic-Ana-lysed Destruction of Ozone［J］. Nature, 1974, 249：810~812.

［2］ Manney G L. Chemical Depletion of Ozone in the Arctic Lower Stratosphere during Winter 1992~1993［J］. Nature, 1994, 370：42.

［3］ 周秀骥. 中国地区臭氧总量变化与青藏高原低值中心［J］. 科学通报, 1995, 40(15)：1396~1398.

［4］ Rowland F S, Molina M J. Ozone Depletion：20 Years After the Alarm［J］. Chemical & Engi-neering News, 1974, Aug15：8.

［5］ Houghton J T, Ding Y, Griggs D J, et al. Climate Change 2001：the Scientific Basis［M］. Cambridge：Cambridge University Press, 2001.

［6］ 徐建华, 胡建信, 张剑波. 中国ODS的排放及其对温室效应的贡献［J］. 中国环境科学, 2003, 23(4)：363~366.

［7］ 游英, 周道生. 环境保护与CFCs禁用问题［J］. 扬州工学院学报, 1991, 12：63~69.

［8］ 马臻, 华伟明, 高滋. 氟利昂催化分解研究进展［J］. 化学通报, 2001(6)：339~344.

［9］ 防止氟利昂污染环境全国首家ODS回收中心落户武汉［EB/OL］. http：//finance. sina. com. cn/roll/20060823/0527877144. shtml 2006. 8. 23.

［10］ 关于进一步开展空调维修行业全氯氟烃和消防行业哈龙回收申报登记制度及建立信息交换平台的通告沪环保控［2009］32号［EB/OL］. http：//www. sepb. gov. cn/news. jsp? intKeyValue = 17151.

［11］ 山东省召开报废汽车回收拆解和氟利昂回收工作会议［EB/OL］. http：//www. sdetn. gov. cn/portal/jmzn/jnjp/webinfo/2008/06/1214440642610949. htm 2008. 6. 25.

［12］ 关于进一步做好汽车维修行业CFC-12制冷剂回收利用工作的通知闽运管车辆〔2007〕29号［EB/OL］. http：//www. fjysgl. gov. cn/show. aspx? id = 2331.

［13］ 中国将提前成温室气体排放最大国［N］. 参考消息, 2007-4-20：第八版.

［14］ 冯永恭. 有机氟工业［M］. 上海：上海科技出版社, 1992：140~155.

［15］ 裘玉平. 氟里昂-12的特点与使用［J］. 汽车运输, 1991, 5：16.

［16］ Tian Senlin. Chatacterization of sorption Mechanisms of VOCs with organobentonites Using a LS-ER Approach［J］. Environmental Science & Technology, 2004, 38：489~495.

［17］ 徐向东. 特定氟利昂(CFC)对环境的影响及对策［J］. 冷藏技术, 1993, 1：36~44.

［18］ 姜安玺. 空气污染控制［M］. 北京：化学工业出版社, 2003：116~118.

［19］ 倪玉霞. 氟里昂燃烧前预混合水解资源化初步实验研究［D］. 昆明：昆明理工大学, 2006：4~17.

［20］ Chapman S. A theory of upper atmospheric ozone［J］. Mem Meteoral Soc. 1930, 3：103~125.

［21］ 邝生鲁. 化学工程师技术全书［M］. 北京：化学工业出版社, 2002：1110~1111.

［22］ 周任君. 青藏高原上空臭氧的变化及其气候效应［D］. 北京：中国科学技术大学, 2005：4.

［23］ 郑有飞, 钱晶. 紫外辐射增加对人类疾病的影响研究［J］. 气象科技, 1999, 2：10~13.

［24］ 王树华. 氟化工的安全技术和环境保护［M］. 北京：化学工业出版社, 2005.

［25］ The Montreal Protocol on Substance That Deplete the Ozone Layer. 2000［EB/OL］. http：//

www. unep. org/ozone/pdf/Montreal-Protocol2000. pdf.

[26] 国家环保总局，国家发展改革委，商务部，海关总署，国家质检总局 . 关于禁止生产销售、进出口以氯氟烃（CFCs）物质为制冷剂、发泡剂的家用电器产品的公告，2007. 5.

[27] 中国将以务实态度积极履约[N]. 中国环境报，2007-7-3：第一版 .

[28] 国家环境保护总局 . 2008 年中国环境状况公报[R]. 北京：2009.

[29] Trukshin I G, Sheremetev S K, Bapabanov V G. Manifolding attachment for writing machines. РФ, 2049085[P]. 1995-11-27.

[30] Nikiforov B L, Barabanov V G. Development of purification techniques for fluorocarbon products [J]. J Fluorine Chem, 1999, 96(1)：7～10.

[31] 杨远良，涂中强 . CFCs, HCFCs 类制冷工质的替代评述与展望[J]. 洁净与空调技术 CC&AC, 2006(4)：10～12.

[32] Garry D H, Richard D E. Atmospheric Chemical Reactivity and Ozone-Forming Potentials of Potential CFC Replacements [J]. Environmental Science & Technology, 1997, 31 (2)：327～336.

[33] Nitkjaer L S, Ggert F K E. Use of a Ternary Blend in Existing Domestic CFC-12 Appliances [J]. International Refrigeration Conference-Energy Efficiency and New Refrigerants. Purdue, USA. , 1992：631～640.

[34] Sami S M, Schnotale J, Smale J G. An Experimental Investigation of Ternary Refrigerant Blends Performance Proposed as Substitutes for CFC-12. International Refrigeration Conference-Energy Efficiency and New Refrigerants. Purdue, USA. , 1992：651～660.

[35] 杨昭，马一太，吕灿仁 . 一种新的替代 R12 的三元混合工质的试验研究[J]. 制冷学报，1993(3)：7～10.

[36] 吴之春 . 混合工质替代 R12 的理论分析与实验研究[D]. 天津：天津大学，1995.

[37] 刘咸定，刘志刚，等 . 近共沸混合工质 HFC152a/HCFC22 冰箱的研究[J]. 制冷学报，1991, 3：1～9.

[38] Ma Yitai, Weijie, Yang Zhao, et al. Investigation of using nonazeotropic refrigerant mixture as the replacement of R12[J]. International Refrigeration Conference-Energy Eficiency and New Refrigerants. Purdue, USA. , 1992：669～676.

[39] 捷列先科，巴拉巴洛夫 . 俄罗斯 ODS 替代品现状与发展[J]. 氟化工，2006, 13(2)：4～6.

[40] 张早校 . 氯氟烃的再生分解与破坏技术分析[J]. 环境保护，2002(3)：22～24.

[41] Masahiro Tajima, Miki Niwa, Yasushi Fujii. Decomposition of chlorofluorocarbons in the presence of water over zeolite catalyst[J]. Applied Catalysis B：Environmental, 1996(9)：167～177.

[42] Committee of Decomposition of Ozone Layer Depletion Compounds[J]. Technology of Decomposition of Ozone Layer Depletion Compounds, 1991：43.

[43] Gregory A Vogel, Alan S Goldfarb, Robert E Der. Incinerator and cement kiln capacity for hazardous waste treatment[J]. Nuclear and Chemical Waste Management, 1987, 7(1)：53～57.

[44] Panagiotis P, Theophilos I, Xenophon E V. CFC's destroyed in cement manufacture[J]. Applied Catalysis B：Environmental, 1997,13(2)：N13.

[45] 缪培碧，译 . 在水泥窑中销毁氟利昂[J]. 国外建材译丛，1997, 1：49～52.

[46] 胡春华，译 . 国外利用水泥窑的氟里昂分解装置概略[J]. 湖北林业科技，2001, 3：50～51.

[47] Taralunga M, Mijoin J, Magnoux P. Catalytic destruction of chlorinated POPs-Catalytic oxida-

tion of chlorobenzene over PtHFAU catalysts[J]. Applied Catalysis B: Environmental, 2005, 60(3~4): 163~171.

[48] Dai Q, Wang X, Lu G. Low-temperature catalytic combustion of trichloroethylene over cerium oxide and catalyst deactivation[J]. Applied Catalysis B: Environmental, 2008, 81(3~4): 192~202.

[49] Gluhoi A C, Bogdanchikova N, Nieuwenhuys B E. The effect of different types of additives on the catalytic activity of Au/Al$_2$O$_3$ in propene total oxidation: transition metal oxides and ceria [J]. Journal of Catalysis, 2005,229(1): 154~162.

[50] 张纪领, 尹燕华, 张志梅, 等. 新型霍加拉特催化剂催化燃烧性能研究[J]. 舰船防化, 2008(2):1~7.

[51] R W van den Brink, Louw R, Mulder P. Increased combustion rate of chlorobenzene on Pt/γ-Al$_2$O$_3$ in binary mixtures with hydrocarbons and with carbon monoxide[J]. Applied Catalysis B: Environmental, 2000, 25(4):229~237.

[52] 黎维彬, 龚浩. 催化燃烧去除 VOCs 污染物的最新进展[J]. 物理化学学报, 2010, 26 (4): 885~894.

[53] Iwaki H, Katagiri H. Wastepaper gasification with CO$_2$ or steam using catalysts of molten carbonates[J]. Applied CatalysisA: General, 2004, 270(1): 237~243.

[54] Barrioa V L, Schaub G, Rohde M, et al. Reactor mode tosimulatecatalyticpartialoxidation and steam reforming of methane. Comparison of temperature profiles and strategies for hot spotminimization[J]. Int J Hydrogen Energy, 2007, 32(10~11):1421~1428.

[55] Kimihiko Sugiura, Keishi Minami, Makoto Yamauchi, et al. Gasification characteristics of organic waster by molten salt[J]. Journal of Power Sources, 2007, 171: 228~236.

[56] Wang Hua, He Fang. A technology of reducing greenhouse gasemissions[J]. Journal of Kunming University of Scinece and Technology, 2004, 29(4): 43~49.

[57] Xin Jiayu, Wang Hua, He Fang, et al. Thermodynamic and equilibrium composition analysis of using iron oxide as an oxygen carrier innonflame combustion technology[J]. Journal of Natural Gas Chemistry, 2005, 14(4): 248~253.

[58] Gerard E, Bertolini J F. Value recovery from plastics waste by pyrolysis in molten salts[J]. Conservation & Recycling, 1987, 10(4): 331~343.

[59] Peter C H, Kenneth G F, Timothy D F, et al. Treatment of solid wastes with molten salt oxidation[J]. Waste Management, 2000, 20(5): 363~368.

[60] Kimihiko S, Keishi M, Makoto Y, et al. Gasification characteristics of organic waste by molten salt[J]. Journal of Power Sources, 2007, 171(1): 228~236.

[61] Bjrn B, Ehud G. Feasibility of acritical molten salt reactor for waste transformation [J]. Progress in Nuclear Energy, 2008, 50(2): 236~241.

[62] Chien Y C, Wang H P, Lin K S, et al. Fate of bromine inpyrolysis of printed circuit board-wastes[J]. Chemosphere, 2000, 40(4): 383~387.

[63] Gong J, Hiroyuki I, Norio A, et al. Study on the gasification of waste paper/carbon dioxide catalyzed by molten carbonate salts[J]. Energy, 2005, 30(7): 1192~1203.

[64] Yang H C, Cho Y J, Eun H C. Destruction of chlorinated organic solvents in a two-stagemolten-saltoxidationreactorsystem[J]. Chem Eng Sci, 2007, 62(18):5137~5143.

［65］邹金宝. 熔融碱（盐）分解 CFC-12 研究［D］. 昆明：昆明理工大学，2009.

［66］邹金宝，宁平，高红，等. 熔融盐在废弃物处理中的应用研究进展［J］. 工业安全与环保，2009，35（1）：39～40.

［67］邹金宝，宁平，高红，等. 熔融碱法处理 CFC-12 的研究［J］. 环境保护科学，2009，35（5）：5～7.

［68］高红，宁平，邹金宝，等. 熔融碱吸收高浓度 CFC-12 废气的研究［J］. 武汉理工大学学报，2010，32（13）：1～3.

［69］Hai Yu，Eric M Kennedy，Adesoji A，et al. A review of CFC and halon treatment technologies-The nature and role of catalysts［J］. Catalysis Surveys from Asia，2006，10（1）：40～54.

［70］Jacob. E，USP 4935212［P］. 1990-6-19.

［71］Masahiro Tajima，Miki Niwa，Yasushi Fujii，et al. Decomposition of chlorofluorocarbons on TiO_2-ZrO_2［J］. Applied Catalysis B：Environmatal 1997（12）：263～276.

［72］Hideo Nagata，Taijiro Takakura，Shizuka Tashiro. Catalytic oxidative decomposition of chlorofluorocarbons（CFCs）in the presence of hydrocarbons［J］. Applied Catalysis B：Environmental，1994（5）：23～31.

［73］Meltem Öcal，Marek Maciejewski，Alfons Baiker. Conversion of CCl_2F_2（CFC-12）in the presence and absence of H_2 on sol-gel derived Pd/Al_2O_3 catalysts［J］. Applied Catalysis B：Environmental，21（4），1999：279～289.

［74］Hideo Nagata，Norihito Kita，Haruki Mori. Hydrolysis of Dichlorodifluoromethane（CFC-12）over Alumina-Zirconia Catalysts［J］. Kagaku Kogaku Ronbunshu，2009，35（3）：293～296.

［75］Masahiro Tajima，Miki Niwa，Yasushi Fujii，et al. Decomposition of Chlorofluorocarbons in the Presence of Water Over Zeolite Catalyst［J］. Applied Catalysis B：Environmental，1996，9（1～4）：167～177.

［76］Okazaki S，Kurosaki A. EP：0412456A2［P］. 1991.

［77］Okazaki S，Kurosaki A. US：5118492［P］. 1992.

［78］Yusaku Takita，Tatsumi Ishihara. Catalytic decomposition of CFCs［J］. Catalysis Surveys from Japan，1998，（2）：165～173.

［79］G Li，I Tatsumi，M Yoshihiko，et al. Catalytic decomposition of HCFC22（$CHClF_2$）［J］. Applied Catalysis B：Environmental，1996，9（1～4）：239～249.

［80］Masahiro Tajima，Miki Niwa，Yasushi Fujii，et al. Decomposition of chlorofluorocarbons on TiO_2-ZrO_2［J］. Applied Catalysis B：Environmental，1997，12（4）：263～276.

［81］Masahiro Tajima，Miki Niwa，Yasushi Fujii，et al. Decomposition of chlorofluorocarbons on W/TiO_2-ZrO_2［J］. Applied Catalysis B：Environmental，1997，14（1～2）：97～103.

［82］Hongxia Zhang，Ching Fai Ng，Suk Yin Lai. Catalytic decomposition of chlorodifluoromethane（HCFC-22）over platinum supported on TiO_2-ZrO_2 mixed oxides［J］. Applied Catalysis B：Environmental，2005，55（4）：301～307.

［83］马臻. 氟里昂-12 的催化分解［D］. 上海：复旦大学，2001.

［84］刘天成. ZrO_2 基固体酸碱催化水解低浓度氟里昂的研究［D］. 昆明：昆明理工大学，2010：11～12.

［85］Swati Karmakar，Howard L Greene. An Investigation of CFC12 Decomposition on TiO_2 Catalyst［J］. Journal of Catalysis，1995，151：394～406.

[86] Ng C F, Shan S, Lai S Y. Catalytic decomposition of CFC-12 on transition metal chloride pro-moted γ-alumina[J]. Applied Catalysis B: Environmental, 1998, 16(3): 209～217.

[87] Fu X, Zeltner W A, Yang Q, et al. Catalytic Hydrolysis of Dichlorodifluoromethane (CFC-12) on Sol-Gel-Derived Titania Unmodified and Modified with H_2SO_4 [J]. Journal of Catalysis, 1997, 168(2): 482～490.

[88] Bickle G M, Suzuki T, Mitarai Y. Catalytic destruction of chlorofluorocarbons and toxic chlori-nated hydrocarbons [J]. Applied Catalysis B: Environmental, 1994, 4(2～3): 141～153.

[89] 林春生. 微波等离子体技术分解氟利昂[J]. 化学装置, 2001, (1): 41～42.

[90] 穆焕文. 用等离子体化学对氟利昂及含氟废料等进行无害化处理[J]. 有机氟工业, 2003 (3): 56～58.

[91] 水野光一. 用等离子法分解氟利昂[J]. 低温与特气, 1990(3): 53～54.

[92] 陈登云, 王小如, 陈薇, 等. 氟里昂(CCl_2F_2)对电感耦合等离子体(ICP)放电特性的影响[J]. 光谱学与光谱分析, 1998, 18(3): 319～324.

[93] 陈登云, 王小如, 贺红军, 等. 应用ICP消解氟里昂的优越性及其处理效率的初步研究[J]. 化学学报, 1999, 57: 1136～1141.

[94] Oda T. Decomposition of gaseous organic contaminants by surface discharge induced plasma[C]. Chemical plasma processing[A]. IEEE Transaction on IA, 1996 (32): 118.

[95] 胡辉, 李胜利, 杨长河, 等. 放电等离子体处理挥发性有机物的研究进展[J]. 高电压技术, 2002, 28(3): 43～45.

[96] Deng G H, Zhang Y, Yu Y. Decomposition of gaseous CF_2ClBr by cold plasma method[J]. Journal of Environmental Science, 1997, (1): 95～99.

[97] A Gal A Ogata, S Futamura, et al. Mechanism of the Dissociation of chlorofluorocarbons during Nonthermal plasma Processing in Nitrogen at Atmospheric Pressure [J]. Journal of Physical Chemistry A, 2003(107): 8859～8866.

[98] 侯健, 韩功元, 张振满, 等. 氟利昂-12的常压DBD降解[J]. 复旦学报（自科版）. 上海, 1999, 38(6): 627～630.

[99] Hidetoshi Sekiguchi, Kazunori Yamagata. Effect of liquid film on decomposition of CFC-12 using dielectric barrier discharge[J]. 2004, 457(1): 34～38.

[100] Eliasson B, Kogeschatz U. Nonequilibrium volume plasma chemical processing[J]. IEEE Transaction on Plasma Science, 1991, 19(16): 1063～1077.

[101] Wang Y F, Lee W J, Hsien C Y. Decomposition of dichlorodifluoromethane by adding hydro-gen in a cold plasma system[J]. EST, 1999 (33): 2234～2240.

[102] Jasiński Mariusz, Mizeraczyk Jerzy, Zakrzewski Zenon, et al. CFC-11 destruction by micro-wave torch generated atmospheric-pressure nitrogen discharge[J]. Journal of Physics D: Ap-plied Physics, 2002, 35(18):2274.

[103] Ko Y, Yang G S, DPY Chang, et al. Microwave plasma conversion of volatile organic com-pounds[J]. Postprints, UC Davis, 2003: 1～17.

[104] Osamu Tsuji, TakeshiMinaguchi, Hirohiko Nakano. Stabilization of chlorofluorocarbons (CF-Cs) by plasma copolymerization with hydrocarbon monomers[J]. Thin Solid Films, 2001, 390(1～2): 159～164.

[105] Ogata A, Kim H H, Oh S M. Evidence for direct activation of solid surface by plasma dis-

charge on CFC decomposition [J]. 2006, 506: 373～377.

[106] Altan H, Yua B L, Alfano S A, et al. Terahertz (THz) spectroscopy of Freon-11(CCl₃F, CFC-11)atroom temperature[J]. Chemical Physics Letters, 2006, 427, 241～245.

[107] Seyed Salehkoutahi, Carroll A Quarles. Additivity of k X-ray yield of chlorine in CHClF₂, CCl₂F₂, C₂Cl₂F₄, and CCl₃F[J]. Journal of Electron Spectroscopy and Related Phenomena, 1988, 46(2): 349～355.

[108] Zakharenko V S, Parmon V N. Photoadsorption and Photocatalytic Processes Affecting the Composition of the Earth's Atmosphere: Ⅱ. Dark and Photostimulated Adsorption of Freon 22 (CHF₂Cl) on MgO[J]. Kinetics and Catalysis, 2000, 6: 756～759.

[109] Melnikov M Y, Baskakov D V, Feldman V I. Spectral Characteristics and Transformations of Intermediates in Irradiated Freon 11, Freon 113, and Freon 113a[J]. High Energy Chemistry, 2002(5): 309～315.

[110] 王桂琴. 用超声波分解氟利昂[J]. 氯碱工业, 1994, (6): 50.

[111] Hirai K, Nagata Y, Maeda Y. Decomposition of chlorofluorocarbons and hydrofluorocarbons in water by ultrasonic irradiation[J]. Ultrasonics Sonnochemistry, 1996(3): s205～s207.

[112] Md Azhar Uddin, Eric M Kennedy, Bogdan Z. Gas-phase reaction of CCl₂F₂ (CFC-12) with methane[J]. Chemosphere, 2003, 53(9): 1189～1191.

[113] 周贤红. CFC 分解新技术[J]. 化工经济技术信息, 1994, 2: 38～41.

[114] 汪帆, 杨文琴. 二氟一氯甲烷 (F22) 的常温化学降解[J]. 曲靖师范学院学报, 2003, 22(3): 10～13.

[115] Wiersma A, E J A X van de Sandt, Makkee M, et al. Process for the selective hydrogenolysis of CCl₂F₂(CFC-12) into CH₂F₂(HFC-32)[J]. Catalysis Today, 1996, 27(1): 257～264.

[116] Öcal M, Maciejewski M, Baiker A, et al. Conversion of CCl₂F₂ (CFC-12) in the presence and absence of H₂ on sol-gel derived Pd/Al₂O₃ catalysts[J]. Applied Catalysis B: Environmental, 1999, 21(4): 279～289.

[117] E J A X van de Sandt, Wiersma A, Makkee M, et al. Palladium black as model catalyst in the hydrogenolysis of CCl₂F₂(CFC-12) into CH₂F₂(HFC-32)[J]. Applied Catalysis A: General, 1997, 155(1): 59～73.

[118] 李猷, 曹育才. 氯氟烃加氢脱氯催化剂的研究进展[J]. 化工进展, 2004, 23(1): 47～50.

[119] Chandra Shekar S, Rama Rao K S, Sahle-Demessie E. Characterization of palladium supported on γ-Al₂O₃ catalysis in hydrodechlorination of CCl₂F₂[J]. Applied Catalysis A: General, 294 (2), 2005, 235～243.

[120] Delannoy L, Giraudon J M, Granger P, et al. Group Ⅵ transition metal carbides as alternatives in the hydrodechlorination of chlorofluorocarbons[J]. Catalysis Today, 2000, 59(3): 231～240.

[121] Morato A, Alonso C, Medina F, et al. Conversion under hydrogen of dichlorodifluoromethane and chlorodifluoromethane over nickel catalysis[J]. Applied Catalysis B: Environmental, 1999, 23 (2～3): 175～185.

[122] Morato A, Alonso C, Medina F, et al. Conversion under hydrogen of dichlorodifluoromethane and chlorodifluoromethane over nickel catalysis [J]. Applied Catalysis B: Environmental, 1999, 23(2): 175～185.

[123] Bonarowska M, Pielaszek J, Semikolenov V A, et al. Pd-Au/Sibunit carbon catalysts: characterization and catalytic activity in hydrodechlorination of dichlorodifluoromethane (CFC-12) [J]. Journal of Catalysis A, 2002(209):528~538.

[124] Ryuichiro Ohnishi, Wenliang Wang, Masaru Ichikawa. Selective hydrodechlorination of CFC-113 on Bi-and Ti-modified palladium catalysis[J]. Applied Catalysis A: General, 1994, 113 (1):29~41.

[125] 张建君, 许茂乾. CFC-12 的催化加氢研究[J]. 宁夏大学学报（自然科学版）, 2001, 22(2): 211~212.

[126] Krishna Murthy J, Chandra Shekar S, Siva Kumar V, et al. Effect of tungsten addition to Pd/ZrO$_2$ system in the hydrodechlorination activity of CCl$_2$F$_2$[J]. Journal of Molecular Catalysis A: Chemical, 223(1~2), 2004, 347~351.

[127] Bonarowska M, Malinowski A, Juszczyk W. Hydrodechlorination of CCl$_2$F$_2$ (CFC-12) over silica-supported palladium-gold catalysis[J]. Applied Catalysis B: Environmental, 2001, 30 (1~2):187~193.

[128] Michiel Makkee, André Wiersma, Emile J A X van de Sandt, et al. Development of a palladium on activated carbon for a conceptual process in the selective hydrogenolysis of CCl$_2$F$_2$ (CFC-12) into CH$_2$F$_2$ (HFC-32) [J]. Catalysis Today, 2000, 55(1~2): 125~137.

[129] Chandra Shekhar S, Krishna Murthy J. Studies on the modifications of Pd/Al$_2$O$_3$ and Pd/C systems to design highly active catalysts for hydrodechlorination of CFC-12 to HFC-32[J]. Applied Catalysis A: General, 2004, 271(1~2):95~101.

[130] Parag P Kulkarni, Subodh S Deshmukh, Vladimir I Kovalchuk. Hydrodechlorination of dichlorodifluoromethane on carbon-supported Group VIII noble metal catalysts[J]. Catalysis Letters, 1999, 61(3~4):161~166.

[131] Juszczyk W, Malinowski A, Karpiński Z. Hydrodechlorination of CCl$_2$F$_2$(CFC-12)over γ-alumina supported palladium catalysis[J]. Applied Catalysis A: General, 1998, 166(2):311~319.

[132] Venu Gopal A, Rama Rao K S, Sai Prasad P S, et al. Effect of method of preparation on the dismutation activity of CCl$_2$F$_2$ over Cr$_2$O$_3$-MgO-Al$_2$O$_3$ catalysis [J]. Studies in Surface Science and Catalysis, 1998, 113: 405~417.

[133] Sonoyama N, Sakata T. Electrochemical Decomposition of CFC-12 Using Gas Diffusion Electrodes[J]. Environmental Science & Technology, 1998, 32(3): 375~378.

[134] Filardo G, Galia A, Gambino S, et al. Supercritical-fluid extraction of chlorofluoroalkanes from rigid polyurethane foams [J]. The Journal of Supercritical Fluids, 1996, 9 (4): 234~237.

[135] Nagata H, Takakura T, Kishida M, Mizuno K, Tamori Y, Wakabayshi K. Oxidative decomposition of Chlorofluorocarbon(CFC-115) in the presence of butane over α-Alumina catalysis [J]. Chem. Lett. 1993, 22(9): 1545~1546.

[136] WM. Randall Seeker. Waste combustion[J]. Twenty-Third Symposium (International) on Combustion, 1990, 23: 867~885.

[137] Fawzy El-Mahallawy, Saad El-Din Habik. Combustion Fundamentals[J]. Fundamentals and Technology of Combustion, 2002: 1~75.

[138] Charles K, Westbrook, Frederick L Dryer. Chemical kinetic modeling of hydrocarbon combustion [J]. Progress in Energy and Combustion Science, 1984, 10(1): 1~57.

[139] Basevich V Ya. Chemical kinetics in the combustion processes: A detailed kinetics mechanism and its implementation [J]. Progress in Energy and Combustion Science, 1987, 13(3): 199~248.

[140] Petrova M V, Williams F A. A small detailed chemical-kinetic mechanism for hydrocarbon combustion[J]. Combustion and Flame, 2006, 144(3):526~544.

[141] William J Pitz, Charles K Westbrook, William M Proscia. A comprehensive chemical kinetic reaction mechanism for the oxidation of N-butane[J]. Symposium (International) on Combustion, 1985, 20(1): 831~843.

[142] Basevich V Ya, Kogarko S M. Verification of methane combustion mechanism[J]. Russian Chemical Bulletin, 1979, 28(6): 1316~1318.

[143] Douglas Smoot L. A Decade of Combustion Research[J]. Prog. Energy Combust. Sci, 1997, 23: 203~232.

[144] Rota R, Bonini F, Servida A. et al. Analysis of detailed kinetic schemes for combustion processes: Application to a methane-ethane mixture [J]. Chemical Engineering Science, 1994, 49(24): 4211~4221.

[145] Charles K, Westbrook, Frederick L Dryer. Chemical kinetics and modeling of combustion processes[J]. Symposium(International)on Combustion, 1981, 18(1): 749~767.

[146] Smith G P, Golden D M, Frenklach M, et al. GRI-Mech 3.0 [EB/OL]. http://www. me. berkeley. edu/gri_mech/.

[147] Ahsan Choudhuri R, Gollahalli S R. Combustion characteristics of hydrogen-hydrocarbon hybrid fuels[J]. International Journal of Hydrogen Energy, 2000, 25: 451~462.

[148] Leung K M, Lindstedt R P. Detailed kinetic modeling of C1-C3 alkane diffusion flames[J]. Combustion and Flame, 1995, 102(1):129~160.

[149] Griffiths J F, Hughes K J, Schreiber M, et al. A unified Approach to the Reduced Kinetic Modeling of Alkane Combustion[J]. Combustion and Flame, 1994, 99(3): 533~540.

[150] Jincai Zheng, Weiying Yang, David L Miller, et al. A Skeletal Chemical Kinetic Model for HCCI Combustion Process. In: SAE PaDer 2002, 2002, 01~0423.

[151] Turfinyi T. Applications of sensitivity analysis to combustion chemistry[J]. Reliability Engineering and System Safety, 1997, 57(1): 41~48.

[152] Gaydon A G, Wolfhard H G. Flame Their Structure Radiation and Temperature (fourth edition) [M]. London: Chapman & Hall LTD, 1979.

[153] Wenhua Yang, Robert J Kee. The Effect of Monodispersed Water Mists on the Structure, Burning Velocity, and Extinction Behavior of Freely Propagating, Stoichiometric, Premixed, Methane-Air Flames [J]. Combustion and Flame, 2002, 130: 322~335.

[154] Borghi R, Destriau M. Combustion and flames: chemical and physical principles. Editions Technip, 1998.

[155] Turns S R. An introduction to combustion: concepts and applications. WCB/McGraw-Hill, 2000.

[156] Veynante D, Vervisch L. Turbulent combustion modeling [J]. Prog. Energy Combustion Sci-

ence, 2002, 28: 193 ~ 266.

[157] Hilbert R, Tap F, H El-Rabbii, et al. Impact of detailed chemistry and transport models on turbulent combustions imulations [J]. Porg. Energy Combustion Science, 2004, 30: 61 ~ 117.

[158] Weber E J, Vandaveer F E. Gas Burner Design[A]. Gas Engineers Handbook[M]. Industrial Press. New York. 1965: 12/193 ~ 12/210.

[159] International workshop on measurement and computation of turbulent non-premixed flames[EB/OL]. http: //www. ca. sandia. gov/tnf/abstract. html.

[160] Gregory T Linteris, Fumiaki Takahashi, Viswanath R Katta. Cup-burner flame extinguishment by CF_3Br and Br_2[J]. Combustion and Flame, 2007, 149(1): 91 ~ 103.

[161] Ishizuka S, Michikami L, Takashi H, et al. Flame Speeds in Combustible Vortex Rings [J]. Combustion and Flame, 1998, 113: 542 ~ 553.

[162] John L Graham, Douglas L Hall, Barry Dellinger. Laboratory investigation of the thermal degradation of a mixture of hazardous organic compounds[J]. Environmental Science & Technology, 1986, 20(7): 703 ~ 710.

[163] 南亘, 藤井宏東, 金熙睿. フロン類の燃焼分解処理(Combustion Decomposition Treatment of Freon. (in Japanese)[J]. KAGAKU KOGAKU RONBUNSHU, 2006, 32 (2): 190 ~ 195.

[164] Jinxing Ren, Qunyin Gu, Fangqin Li, et al. Study on the low NO_x emission in coal-fired power plants with staged-air combustion[C]. The Fifth International SymPosium on Coal Combustion. Najning. China, 2003, 194 ~ 196.

[165] Qili Zheng, Ruisun, Xinwan Zhi, et al. Gas-particle flow and combustion in the near-burner zone of the swirl-stabilized pulverized coal bunrer [J]. Combustion Science and Technology, 2003(175): 1979 ~ 2014.

[166] 牛万虎, 杨国旗. WSF 型旋流燃烧器特点及调整实践[J]. 西北电力技术, 2002(6): 24 ~ 26.

[167] 吴碧君, 刘晓勤. 燃煤锅炉低 NO_x 燃烧器的类型及其发展[J]. 电力环境保护, 2004, 20(3): 24 ~ 27.

[168] 聂其红, 吴少华, 孙绍增, 等. 国内外煤粉燃烧低 NO_x 控制技术的研究现状[J]. 哈尔滨工业大学学报, 2002, 34(6): 826 ~ 831.

[169] 辛仲峥, 徐连锁, 尚君明. 蒙达公司 DRB 型燃烧器存在的问题及改进[J]. 内蒙古电力技术, 2004, 2(4): 54 ~ 56.

[170] 赵贺, 覃一宁. MBEL 低 NO_x 轴向涡流燃煤燃烧器在大型火电厂的应用[J]. 东北电力技术, 2003(1): 25 ~ 27.

[171] 王磊, 吴少华, 李争起, 等. 中心风对径向浓淡旋流煤粉燃烧器燃烧的影响[J]. 动力工程, 2000, 20(2): 615 ~ 619.

[172] Hee Dong Jang. Flame synthesis of ceramic powders[J]. Powder technology, 2001, 119: 102 ~ 108.

[173] Maegaret S, Wooldridge Prog. A numerical analysis of growth of non-spherical silica particles in a counterflow diffusion flame[J]. Energy Combustion Science, 1998, 24: 63 ~ 87.

[174] Drew L'espérance, Bradley A Williams, James W Fleming. Intermediate species profiles in low

pressure premixed flames inhibited by fluoromethanes[J]. Combustion and Flame, 1999, 117 (4): 709~731.

[175] Eder S. Xavier, Willian R, et al. Ab initio thermodynamic study of the reaction of CF_2Cl_2 and CHF_2Cl CFCs species with OH radical[J]. Chemical Physics Letters, 2007, 448(4): 164~172.

[176] Karine Le Bris, Kimberly Strong, Stella M L Melo, et al. Structure and conformational analysis of CFC-113 by density functional theory calculations and FTIR spectroscopy[J]. Journal of Molecular Spectroscopy, 2007, 243(2): 142~147.

[177] Karim El Marrouni, Hakima Abou-Rachid, Serge Kaliaguine. Density functional theory kinetic assessment of hydrogen abstraction from hydrocarbons by O_2[J]. Journal of Molecular Structure: THEOCHEM, 2004, 681(1~3):89~98.

[178] Jingyao Liu, Zesheng Li, Zhenwen Dai, et al. Density functional theory direct dynamics study on the hydrogen abstraction reaction of CF_3CHFCF_3 + OH $\longrightarrow CF_3CFCF_3 + H_2O$[J]. Chemical Physics Letters, 2002, 362(1~2): 39~46.

[179] Kaishen Diao, Fang Wang, Haijun Wang. Ab initio theoretical study of the interactions between CFCs and CO_2[J]. Journal of Molecular Structure: THEOCHEM, 2009, 913(1~3): 195~199.

[180] Mattsson Ann E, Peter A Schultz, Michael P Desjarlais, et al. Designing meaningful density functional theory calculations in materials science—a primer[J]. Modelling and Simulation in Materials Science and Engineering, 2005, 13(1): R1~R31.

[181] Zhu R S, Lin M C. A computational study on the decomposition of NH_4ClO_4: Comparison of the gas-phase and condensed-phase results[J]. Chemical Physics Letters, 2006, 431: 272~277.

[182] Zhu R S, Lin M C. CH_3NO_2 decomposition/isomerization mechanism and product branching ratios: An ab initio chemical kinetic study[J]. Chemical Physics Letters, 2009, 478: 11~16.

[183] Jalbouta A F, Nazarib F, Turkerc L, et al. Gaussian-based computations in molecular science [J]. Journal of Molecular Structure(Theochem), 2004, 671: 1~21.

[184] Truong T N, Duncan W. A new direct ab initio dynamics method for calculating thermal rate constants from density functional theory[J]. J. Chem. Phys., 1994, 101: 7408~7414.

[185] 王玲. 单分子反应理论研究和势能面的构建[D]. 大连：中国科学院研究生院（大连化学物理研究所），2006.

[186] 田燕. 大气化学中若干自由基反应机理的量子化学研究[D]. 北京：中国科学技术大学研究生院，2007.

[187] 杨磊. 几类与大气污染相关的化学反应动力学性质的理论研究[D]. 长春：吉林大学，2008.

[188] 臭氧危机尚未结束[J]. 高桥石化，2007(4): 56.

[189] 《环境科学大辞典》编委会. 环境科学大辞典[M]. 北京：中国环境科学出版社，2008.

[190] 中国逐步淘汰消耗臭氧层物质国家方案（1999年修订稿）.

[191] 《化学化工大辞典》编委会. 化学化工大辞典（上）[M]. 北京：化学工业出版社，

2003：551.

［192］李季. 城市生活垃圾热解燃烧特性和氯转化机理［D］. 北京：中国科学院过程控制工程研究所，2003.

［193］孟韵，张军营，等. 煤燃烧过程中有害痕量元素形态分布的化学热力学平衡分析［J］. 燃料化学学报，2005，33（1）：28～32.

［194］Argent B，Thompson D. Thermodynamic equilibrium study of trace element mobilization during air–blown gasification conditions［J］. Fuel，2002，81：75～89.

［195］关键. 新型近零排放煤气化集成利用系统的机理研究［D］. 杭州：浙江大学，2007.

［196］Torres-Huerta AM，Vargas-García JR，Domínguez-Crespo MA，et al. Thermodynamic study of CVD—ZrO_2 phase diagrams［J］. Journal of Alloys and Compounds，2009，483（1～2）：394～398.

［197］In-Ho Jung，Dae-Hoon Kang，Woo-Jin Park，et al. Thermodynamic modeling of the Mg-Si-Sn system［J］. Calphad，2007，31（2）：192～200.

［198］Ana Kostov，Dragana Živković. Thermodynamic analysis of alloys Ti-Al，Ti-V，Al-V and Ti-Al-V［J］. Journal of Alloys and Compounds，2008，460（1～2）：164～171.

［199］Jian Guan，Qinhui Wang，Xiaomin Li，et al. Thermodynamic analysis of a biomass anaerobic gasification process for hydrogen production with sufficient CaO［J］. Renewable Energy，2007，32（15）：2502～2515.

［200］Premrudee Kanchanapiya，Takeo Sakano，Chikao Kanaoka，et al. Characteristics of slag，fly ash and deposited particles during melting of dewatered sewage sludge in a pilot plant［J］. Journal of Environmental Management，2006，79（2）：163～172.

［201］X Li，J R Grace. Equilibrium modeling of gasification：a free energy minimization approach and its application to a circulating fluidized bed coal gasifier［J］. Fuel，2001，80：195～207.

［202］Zhaoping Zhong. Study on Pollutants Emission Characteristic of Coal Gasification in a Fluidized Bed Test Rig［C］. Proceedings of FBC2005 18th International Conference on Fluidized Bed Combustion. Ottawa，Canada，2005-78070.

［203］Wen Ruimei，Deng Shouquan. Measurement of As、P and S in the Waste Gas and Water Exhausted from Semiconductor Process By High-temperature Hydrogen Reduction Gas Chromatography［J］. Journal of Chromatographic Science，2003，41：367～370.

［204］Wen Ruimei，Liang Junwu. Abatement of waste gases and water during the processes of semiconductor fabrication［J］. Environmental Science & Technology，2002，14（4）：482～499.

［205］闻瑞梅，等. InP-H_2-KBH_4 体系中磷的热力学分析，检测及治理［J］. 应用基础与工程科学学报，1994，2（4）：282～286.

［206］Bale C W，Bélisle E，Chartrand P，et al. FactSage thermochemical software and databases—recent developments［J］. Calphad，2009，33（2）：295～311.

［207］Bale C W，Chartrand P，Degterov S A，et al. FactSage Thermochemical Software and Databases［J］. Calphad，2002，26（2）：189～228.

［208］曹战民，宋晓艳，乔芝郁. 热力学模拟计算软件 FactSage 及其应用［J］. 稀有金属，2008，32（2）：216～219.

［209］Ana Kostov，Bernd Friedrich，Dragana Zivkovic. Predicting thermodynamic properties in Ti-Al binary system by FactSage［J］. Computational Materials Science，2006，37（3）：355～360.

[210] Shang L, Jung I H, Yue S, et al. An investigation of formation of second phases in microalloyed, AZ31 Mg alloys with Ca, Sr and Ce[J]. Journal of Alloys and Compounds, 2010, 492(1~2): 173~183.

[211] J C van Dyk, Melzer S, Sobiecki A. Mineral matter transformation during Sasol-Lurgi fixed bed dry bottom gasification-utilization of HT-XRD and FactSage modeling[J]. Minerals Engineering, 2006, 19(10): 1126~1135.

[212] J C van Dyk, Waanders F B, Benson S A, et al. Viscosity predictions of the slag composition of gasified coal, utilizing FactSage equilibrium modeling[J]. Fuel, 2009, 88(1):67~74.

[213] Hanxu Li, Ninomiya Yoshihiko, Zhongbing Dong, et al. Application of the FactSage to Predict the Ash Melting Behavior in Reducing Conditions[J]. Chinese Journal of Chemical Engineering, 2006, 14(6): 784~789.

[214] Ana Kostov, Bernd Friedrich, Dragana Zivkovic. Predicting thermodynamic properties in Ti-Al binary system by FactSage[J]. Computational Materials Science, 2006, 37(3): 355~360.

[215] Diaz-Soraoano M. Martinez-Tarazona M R. Trace element evaporation during coal gasification based on a thermodynamic equilibrium calculation approach [J]. Fuel, 2002, 82(2): 137~145.

[216] 许志宏, 王乐珊. 无机热化学数据库[M]. 北京: 科学出版社, 1987, 53~74.

[217] White W B, Johnson S M, Dantzig G B. Chemical Equilibrium in complex mixtures [J]. The Journal of Chemical Physics, 1958, 28(5):751~755.

[218] 金克新, 赵传钧, 马沛生, 等. 化工热力学[M]. 天津: 天津大学出版社, 1990.

[219] Scharn D, Germeroth L, Schneider-Mergener J, et al. Sequential nucleophilic substitution on halogenated triazines, pyrimidines, and purines: a novel approach to cyclic peptidomimetics [J]. The Journal of Organic Chemistry, 2001, 66(2):507~513.

[220] Priimenko B A, Romanenko N I, Klyuev N A, et al. Electrophilic and nucleophilic substitution reactions in the series of 3-methylxanthine and its derivatives [J]. 1984, 20(8): 924~927.

[221] 田辺和俊, 杉江正昭, 都築誠二. ハロゲン化炭化水素の加水分解速度の予測——化学物質の分解性の予測(第2報)[J]. Journal of Environmental Conservation Engineering, 1994, 23(8):26~29.

[222] John A Dean. Lange's Handbook of Chemistry(15th edition)[M]. McGraw-Hill Inc, 1998.

[223] Parr R G, Yang W. Density-Functional Theory of Atoms and Molecules[M]. Oxford University. Oxford Press, 1989.

[224] Labanowski J K, Andzelm J W, et al. Density Functional Methods in Chemistry[M]. New York: Springer-Verlag, 1991.

[225] Kohn W, Sham L J. Self-Consistent Equations Including Exchange and Correlation Effects[J]. Phys. Rev, 1965, 140, A1133.

[226] Labanowski J K, Andzelm J W et al. Density Functional Methods in Chemistry, Springer-Verlag: New York, 1991.

[227] 帅治刚, 邵久书. 理论化学原理与应用[M]. 北京: 科学出版社, 2008.

[228] Hohenberg P, Kohn W. Inhomogeneous Electron Gas, Phys. Rev., B864, 136, 1964.

[229] TRUHLAR D G, GORDON M S, STECKLER R. Potential Energy Surfaces for Polyatomic Re-

action Dynamics[J]. Chem. Rev. , 1987, 87: 217~236.

[230] Fukui K. Variational Principles in a Chemical Reaction[J]. Int. J. Quantum. Chem, 1981, 15: 633~642.

[231] Fukui K, Tachibana A, Yamashita K. Toward Chemodynamics[J]. Int. J. Quantum. Chem. , 1981, 15: 621~632.

[232] Strelkova M I, Safonov A A, Sukhanov L P, et al. Low temperature n-butane oxidation skeletal mechanism, based on multilevel approach[J]. Combustion and Flame, 2010, 157(4): 641~652.

[233] Xiaoqing You, Fokion N, Golfopoulos E, et al. Detailed and simplified kinetic models of n-dodecane oxidation: The role of fuel cracking in aliphatic hydrocarbon combustion[J]. Proceedings of the Combustion Institute, 2009, 32(1):403~410.

[234] John M Simmie. Detailed chemical kinetic models for the combustion of hydrocarbon fuels[J]. Progress in Energy and Combustion Science, 2003, 29(6): 599~634.

[235] Sarathy S M, Thomson M J, Togbé C, et al. An experimental and kinetic modeling study of n-butanol combustion[J]. Combustion and Flame, 2009, 156(4): 852~864.

[236] Binbin Wang, Rong Qiu, Yong Jiang. Effects of Hydrogen Enhancement in LPG/Air Premixed Flame[J]. Acta Physico-Chimica Sinica, 2008, 24(7): 1137~1142.

[237] Fabien Halter, Christian Chauveau, Iskender Gökalp. Characterization of the effects of hydrogen addition in premixed methane/air flames [J]. International Journal of Hydrogen Energy, 2007, 32(13):2585~2592.

[238] Petrova M V, Williams F A. A small detailed chemical-kinetic mechanism for hydrocarbon combustion[J]. Combustion and Flame, 2006, 144(3):526~544.

[239] William J Pitz, Charles K Westbrook, William M Proscia. A comprehensive chemical kinetic reaction mechanism for the oxidation of N-butane[J]. Symposium (International) on Combustion, 1985, 20(1): 831~843.

[240] Charles K, Westbrook, Frederick L Dryer. Chemical kinetic modeling of hydrocarbon combustion [J]. Progress in Energy and Combustion Science, 1984, 10(1): 1~57.

[241] Basevich V Ya. Chemical kinetics in the combustion processes: A detailed kinetics mechanism and its implementation [J]. Progress in Energy and Combustion Science, 1987, 13(3): 199~248.

[242] Rota R, Bonini F, Servida A. et al. Analysis of detailed kinetic schemes for combustion processes: Application to a methane-ethane mixture [J]. Chemical Engineering Science, 1994, 49(24): 4211~4221.

[243] Charles K, Westbrook, Frederick L Dryer. Chemical kinetics and modeling of combustion processes[J]. Symposium (International) on Combustion, 1981, 18(1):749~767.

[244] Gregory P Smith, David M Golden, Michael Frenklach, et al. GRI-Mech 3.0[EB/OL]. http: //www. me. berkeley. edu/gri_mech/.

[245] Griffiths J F, Hughes K J, schreiber M, et al. A unified Approach to the Reduced Kinetic Modeling of Alkane Combustion[J]. Combustion and Flame, 1994, 99(3):533~540.

[246] Jincai Zheng, Weiying Yang, David L Miller, et al. A Skeletal Chemical Kinetic Model for HCCl Combustion Process. In: SAE PaDer 2002, 2002, 01~0423.

［247］ 刘海峰，闫华，刘志勇，等. 丁烯自由基和 O_2 反应机理的理论研究［J］. 化学学报，2007，65(18).

［248］ William J Pitz, Charles K Westbrook, William M Proscia, et al. A comprehensive chemical kinetic reaction mechanism for the oxidation of N-butane［J］. Symposium（International）on Combustion, 1985, 20(1):831~843.

［249］ Truhlar D G. The Reaction Path in Chemistry, Current Approaches and Perspectives, Kluwer Academic, The Netherlands, 1995.

［250］ Wenfeng Han, Eric M Kennedy, Sazal K Kundu, et al. Experimental and chemical kinetic study of the pyrolysis of trifluoroethane and the reaction of trifluoromethane with methane［J］. Journal of Fluorine Chemistry, 2010, 131(7): 751~760.

［251］ Ya Feng Wang, Wen Jhy Lee, Chuh Yung Chen, et al. Reaction Mechanisms in Both a $CCl_2F_2/O_2/Ar$ and a $CCl_2F_2/H_2/Ar$ RF Plasma Environment［J］. Plasma Chemistry and Plasma Processing, 2000, 20(4): 469~494.

［252］ Carole Womeldorf, William Grosshandler. Flame extinction limits in CH_2F_2/air mixtures［J］. Combustion and Flame, 1999, 118(1):25~36.

［253］ Véronique Dias, Jacques Vandooren. Experimental and modeling study of a lean premixed iso-butene/hydrogen/oxygen/argon flame［J］. Fuel, 2010(89):2633~2639.

［254］ 高义德，冉琴. CCl_2（A^1B_1）自由基不同振动态的猝灭动力学［J］. 化学学报，2002，60(2).

［255］ Hayashi S, Kawashima K, Ozawa N. Studies of CF_2 radical and O atom in oxygen/fluorocarbon plasmas by laser-induced fluorescence［J］. Science and Technology of Advanced Materials, 2001, 2(3):555~561.

［256］ Eder S Xavier, Willian R Rocha, Júlio C S Da Silva, et al. Ab initio thermodynamic study of the reaction of CF_2Cl_2 and CHF_2Cl CFCs species with OH radical［J］. Chemical Physics Letters, 2007, 448(4): 164~172.

［257］ Hong Gao, Ying Wang, SuQin Wan, et al. Theoretical investigation of the hydrogen abstraction from $CF_3CH_2CF_3$ by OH radicals, F, and Cl atoms: A dual-level direct dynamics study［J］. Journal of Molecular Structure: THEOCHEM, 2009, 913(1):107~116.

［258］ Karine Le Bris, Kimberly Strong, Stella M L Melo, et al. Structure and conformational analysis of CFC-113 by density functional theory calculations and FTIR spectroscopy［J］. Journal of Molecular Spectroscopy, 2007, 243(2):142~147.

［259］ Perry C C, Wolfe G M, Wagner A J, et al. Chemical Reactions in $CF_2Cl_2/Water$（Ice）Films Induced by X-ray Radiation［J］. J. Phys. Chem. B, 2003, 107: 12740~12751.

［260］ Ma N L, Kai Chung Lau, Siu Hung Chien, et al. Thermochemistry of hydrochlorofluoromethanes revisited: a theoretical study with the Gaussian-3（G3）procedure［J］. Chemical Physics Letters, 1999(311):275~280.

［261］ Joachim Urban. Optimal sub-millimeter bands for passive limb observations of stratospheric HBr, BrO, HOCl, and HO_2 from space［J］. Journal of Quantitative Spectroscopy & Radiative Transfer, 2003, 76: 145~178.

［262］ Andreas No lle, Christopher Krumscheid, Horst Heydtmann. Determination of quantum yields in the UV photolysis of COF_2 and COFCl［J］. Chemical Physics Letters, 1999, 299:

561 ~ 565.

[263] Sergei Skokov, Kirk A Peterson, Joel M. Perturbative inversion of the HOCl potential energy surface via singular value decomposition[J]. Bowman. Chemical Physics Letters, 1999, 312: 494 ~ 502.

[264] Jalbout A F, Li X H, Solimannejad M. Thermochemical stability of the HO_2-HOCl complex [J]. Chemical Physics Letters, 2006, 420: 204 ~ 208.

[265] Abraham F Jalbout, Mohammad Solimannejad. Reliability of gaussian based ab initio methods in the calculations of HClO and HOCl decomposition channels[J]. Journal of Molecular Structure(Theochem), 2003, 626: 87 ~ 90.

[266] Juan Zhao, Yan Xu, Daguang Yue, et al. Quasi-classical trajectory study of the reaction H + FO ⟶ OH + F[J]. Chemical Physics Letters, 2009, 471: 160 ~ 162.

[267] Kosmas A M, Drougas E. Quasiclassical trajectory calculations of the diatom-diatom reaction $OH + Cl_2$ ⟶ HOCl + Cl using two model potential energy surfaces[J]. Chemical Physics, 1998, 229: 233 ~ 244.

[268] Ranzi E, Faravelli T, Goldaniga A, et al. Pyrolysis and oxidation of unsaturated C2 and C3 species[J]. Experimental Thermal and Fluid Science, 2000, 21(1):71 ~ 78.

[269] John M Simmie. Detailed chemical kinetic models for the combustion of hydrocarbon fuels[J]. Progress in Energy and Combustion Science, 2003, 29: 599 ~ 634.

[270] Eder S Xavier, Willian R Rocha, Ju'lio C S Da Silva. Ab initio thermodynamic study of the reaction of CF_2Cl_2 and CHF_2Cl CFCs species with OH radical [J]. Chemical Physics Letters, 2007, 448: 164 ~ 172.

[271] Jian Wang, Yihong Ding, Shaowen Zhang, et al. Theoretical Study on the Methyl Radical with Chlorinated Methyl Radicals CH_3-nCl_n ($n = 1$, 2, 3) and CCl_2[J]. Journal of Computational Chemistry, 2006, 28(5):865 ~ 876.

[272] Basevich V Ya, Kogarko S M. Verification of methane combustion mechanism[J]. Russian Chemical Bulletin, 1979, 28(6): 1316 ~ 1318.

[273] Gregory T Linteris, Fumiaki Takahashi, Viswanath R Katta. Cup-burner flame extinguishment by CF_3Br and Br_2[J]. Combustion and Flame, 2007, 149(1):91 ~ 103.

[274] Carole Womeldorf, William Grosshandler. Flame extinction limits in CH_2F_2/air mixtures[J]. Combustion and Flame, 1999, 118(1):25 ~ 36.

[275] Babushok V, Tsang W, Linteris G T, et al. Chemical limits to flame inhibition[J]. Combustion and Flame, 1998, 115(4):551 ~ 560.

[276] Williams F A. Progress in knowledge of flamelet structure and extinction[J]. Progress in Energy and Combustion Science, 2000, 26(4 ~ 6): 657 ~ 682.

[277] Williams B A, Fleming J W. CF_3Br and other suppressants: Differences in effects on flame structure[J]. Proceedings of the Combustion Institute, 2002, 29(1): 345 ~ 351.

[278] Bundy M, Hamins A, Lee K Y. Suppression limits of low strain rate non-premixed methane flames [J]. Combustion and Flame, 2003, 133(3): 299 ~ 310.

[279] Mounir Alliche, Pierre Haldenwang, Salah Chikh, et al. Extinction conditions of a premixed flame in a channel[J]. Combustion and Flame, 2010, 157: 1060 ~ 1070.

[280] Yufang Liu, Huiyan Meng, Keli Han. Theoretical study of the stereo dynamics of the reaction

Cl + C$_3$H$_8$ $\longrightarrow$ C$_3$H$_7$ + HCl[J]. Chemical Physics, 2005, 309: 223~230.

[281] Leung K M, Lindstedt R P. Detailed kinetic modeling of C1~C3 alkane diffusion flames[J]. Combustion and Flame, 1995, 102(1):129~160.

[282] XiaoMeng Zhou, Jun Qin, GuangXuan Liao. Effects of water mist addition on kerosene pool fire [J]. Chinese Science Bulletin, 2008, 53(20): 3240~3246.

[283] Wenhua Yang, Robert J Kee. The Effect of Monodispersed Water Mists on the Structure, Burning Velocity, and Extinction Behavior of Freely Propagating, Stoichiometric, Premixed, Methane-Air Flames[J]. Combustion and Flame, 2002, 130: 322~335.

[284] 马臻. 氟里昂-12 的催化分解[D]. 上海: 复旦大学, 2001: 1~2.

[285] GB/T 7372—1987 工业用二氟二氯甲烷[S]. 北京: 上海电化厂, 1987.

[286] GB 7484—87 水质氟化物的测定离子选择电极法[S]. 北京: 中国环境监测总站, 1987.

[287] 邝生鲁. 化学工程师技术全书[M]. 北京: 化学工业出版社, 2002.

[288] ASTM: D 3588-98. Standard Practice for Calculating Heat Value, Compressibility Factor, and Relative Density of Gaseous Fuels[S].

[289] Daniel P Y Chang, Nelson W Sorbo, Law C K, et al. Relationships between laboratory and pilot-scale combustion of some chlorinated hydrocarbons[J]. Environmental Progress, 1989, 8(3):152~162.

[290] Stry W J, Felske J D, Ashgriz N. Dmplet combustion of chlorinated benzenes, alkanes and their mixtures in a dry atmosphere[J]. Environmental Engineering Science, 2003, 20(2): 125~133.

[291] Granta G, Brentonb J, Drysdale D. Fire suppression by water sprays[J]. Progress in Energy and Combustion Science, 2000, 26: 79~130.

[292] Mawhinney JR, Solomon R. Water mist fire suppression systems[A]. In: Cote AE, editor-in-chief. Fire protection handbook [M]. 18th ed. , sect. 6/chap. National Fire Protection Association, 1997: 6/216~6/248.

[293] Nils Hansen, James A Miller, Tina Kasper, et al. Benzene formation in premixed fuel-rich1, 3-butadiene flames [J]. Proceedings of the Combustion Institute, 2009, 32(1):623~630.

[294] 岑可法, 姚强, 骆仲泱, 等. 高等燃烧学[M]. 杭州. 浙江大学出版社, 2002: 620.

[295] Charles S McEnally, Lisa D Pfefferle, Burak Atakan, et al. Studies of aromatic hydrocarbon formation mechanisms in flames: Progress towards closing the fuel gap[J]. Progress in Energy and Combustion Science, 2006, 32(3): 247~294.

[296] Prado G P, Lee M L, Hites R A, et al. Soot and hydrocarbon formation in a turbulent diffusion flame[A]. Symposium (International) on Combustion[C]. 1977, 16(1): 649~661.

[297] Wernberg F J. The First Half-Million Years of Combustion Research and Today's Burning Problems[A]. Progress in Energy and Combustion Science[C]. 1975: 17~31.

[298] Andrew Lock, Alejandro M Briones, Suresh K Aggarwal, et al. Liftoff and extinction characteristics of fuel-and air-stream-diluted methane-air flames[J]. Combustion and Flame, 2007, 149: 340~352.

[299] Clavin P, Garcia P J. The influence of the temperature dependence of diffusivifies on the dynamics of flame fronts[J]. J Mec Theor Appl, 1983, 2: 245~263.

[300] 宋权斌. 多旋流合成气燃烧室燃烧特性的实验研究[D]. 北京: 中国科学院研究生院

（工程热物理研究所），2009.

[301] 赵黛青，夏亮，山下博史. 旋转流中预混合火焰的高速传播现象-Ⅰ. 稳燃特性及燃烧效率的提高[J]. 过程工程学报，2007，7(3)：457～461.

[302] 夏亮，赵黛青，山下博史. 旋转流中预混合火焰的高速传播现象-Ⅱ. 点火位置与燃烧过程[J]. 过程工程学报，2007，7(3)：462～466.

[303] Alessio Frassoldati, Alberto Cuoci, Tiziano Faravelli, et al. An experimental and kinetic modeling study of n-propanol and iso-propanol combustion[J]. Combustion and Flame, 2010, 157 (1)：2～16.

[304] 杨炜平，张健. 旋流燃烧室内丙烷湍流燃烧的数值模拟[J]. 燃烧科学与技术，2007，13(6)：503～509.

[305] 王文丽，周力行，李荣先. 环缝燃料进口的丙烷——空气旋流扩散燃烧的数值模拟 [J]. 中国电机工程学报，2006，26(9)：45～49.

[306] 葛冰，臧述升，顾欣. 加湿对钝体燃烧器火焰内部速度场的影响[A]. 中国工程热物理学会学术会议论文集[C]. 2001，上海：1092～1099.

[307] Basevich V Ya, Kogarko S M. Comparison of blow-off limits for various types of stabilizers[J]. Combustion Explosion and Shock Waves, 1971, 7(4)：496～498.

[308] Moore N, Martin D. Flame Propagation in Vortex Flow[J]. Fuel, 1953, 32：393～394.

[309] McCormack P. Combustible Vortex Rings[J]. Proc. R. Irish Acad. : Sect. A, 1971, 71：73～83.

[310] Ishizuka S. On the Flame Propagation in a Rotating Flow Filed[J]. Combustion and Flame, 1990, 82：176～190.

[311] Ishizuka S, Hirano T. Aerodynamic Structure of the Propagating Flame in a Rotating Combustible Mixture[J]. Nensho-no-Kagaku-to-Gijutu, 1994, 2：15～26 (in Japanese) .

[312] Hasegawa T, Michikami S, Nomura T, et al. Flame Development along a Straight Vortex[J]. Combustion and Flame, 2002, 129：294～304.

[313] Asato K, Takeuchi Y, Kawamura T. Fluid Dynamics Efects of Flame Propagation in a Vortex Ring [A]. Proceedings of the Eleventh Australasian Fluid Mechanics Conference[C]. Hobart: University of Tasmania, 1992, 167～170.

[314] Zhao D Q, Yamashita H. A Numerical Study on Premixed Flame Propagation in a Swirling Flow [J]. Collect. Mech. Inst. Japan (B), 2001, 67(662)：2001～2010.

[315] Haworth D C. Progress in Probability Density Function Methods for Turbulent Reacting Flows [J]. Progress in Energy and Combustion Science, 2010, 36：168～259.

[316] Huang Y, Yang V. Dynamics and Stability of Lean-premixed Swirl-stabilized Combustion[J]. Progress in Energy and Combustion Science, 2009, 35：293～364.

[317] Magnussen B F, Hjertager B H. On mathematical models of turbulent combustion with special emphasis on soot formation and combustion, 16th Symposium (International) on Combustion [C]. The Combustion Institute, 1976.

[318] Sergei A Filatyev, James F Driscoll, Campbell D Carter, et al. Measured properties of turbulent premixed flames for model assessment, including burning velocities, stretch rates, and surface densities[J]. Combustion and Flame, 2005, 141：1～21.

[319] Qili Zheng, Rui sun, Zhixin Wan, et al. Gas-Particle flow and combustion in the near-burner

zone of the swirl-stabilized pulverized coal bunrer[J]. Combustion Science and Technology, 2003(175)：1979~2014.

[320] Huang H, Buekens A. Chlorinated dioxins and furans as trace products of combustion：Some theoretical aspects [J]. Toxicological & Environmental Chemistry, 2000, 74(3)：179~193.

[321] Philip H Taylor, Dieter Lenoir. Chloroaromatic formation in incineration processes[J]. The Science of The Total Environment, 2001, 269 (1~3)：1~24.

[322] Arndt Joedicke, Norbert Peters, Mohy Mansour. The stabilization mechanism and structure of turbulent hydrocarbon lifted flames[J]. Proceedings of the Combustion Institute, 2005, 30 (1)：901~909.

[323] Saxena S C, Jotshi C K. Management and combustion of Hazardous Wastes[J]. Pro & Energy Combusr. Sci, 1996, 22：401~425.

[324] 顾玮伦, 杜云峰. 旋流燃烧器的稳燃及其结构优化分析[J]. 锅炉制造,2007(1):17~19.

[325] 赵振宙, 赵振宁, 孙辉. 旋流燃烧器数值模拟和优化改造[J]. 锅炉技术, 2006, 37 (4)：49~54.

[326] 贾雁群, 王贵武, 张健, 等. 液化石油气混空气工程技术问题的探讨[J]. 煤气与热力, 2006, 26(7)：11~12.

[327] 中华人民共和国国家质量监督检验检疫总局, 中国国家标准化管理委员会.《燃气燃烧器具安全技术条件（征求意见稿)》, 2009, 9.10.

[328] JB/T 10192—2000 小型焚烧炉技术条件. 南京绿洲机械厂. 国家机械工业总局, 2000.

[329] GB 16914—2003 燃气燃烧器具安全技术条件. 中国市政工程华北设计研究院等, 中华人民共和国建设部, 2003.

[330] TSG GB 003—2006 燃气燃烧器安全技术规定（征求意见稿). 中华人民共和国国家质量监督检验检验局, 2006.

[331] SH. T 3113—2000 石油化工管式炉燃烧器工程技术条件. 中国石油化工集团公司, 国家石油和化学工业局, 2000.

[332] GB 17905—2008 家用燃气燃烧器具安全管理规则. 中国市政工程华北设计研究院等, 中华人民共和国住宅和城乡建设部, 2008.

[333] CJ/T 3075.1—1998 燃气燃烧器具实验室—技术通则. 中国市政工程华北设计研究院等, 中华人民共和国建设部, 1998.

[334] CJ/T 3075.2—1998 燃气燃烧器具实验室—试验装置和仪器. 中国市政工程华北设计研究院、山东省产品质量监督检验所, 中华人民共和国建设部, 1998.

[335] GB/T 16914—2003 燃气燃烧器具安全技术条件. 中国市政工程华北设计研究院等, 中华人民共和国住宅和城乡建设部, 2003.

[336] GB 18484—2001 危险废物焚烧污染控制标准. 中国环境检测总站, 中国科技大学, 国家环境保护总局, 中华人民共和国国家质量监督检验检验局, 2001.

[337] GB/T 2988—2004 高铝砖. 中国集团耐火材料有限公司等. 中华人民共和国国家质量监督检验检验局, 中国国家标准化管理委员会, 2004.

[338] HG/J 12—88 化学工业炉燃烧器设计规定. 吉林化学工业公司设计院, 中华人民共和国化学工业部, 1988.

[339] HG/T 20682—2005 化学工业炉燃料燃烧设计计算规定. 上海工程化学设计院, 中华人民共和国发展和改革委员会, 2005.

［340］ HG/T 20541—2006 化学工业炉结构设计规定．全国化工工业炉设计技术中心站．中华人民共和国发展和改革委员会，2006.

［341］ HG/T 20683—2005 化学工业炉耐火、隔热材料设计选用规定．全国化工工业炉设计技术中心站．中华人民共和国发展和改革委员会，2005.

［342］ GB/T 16618—1996 工业炉窑保温技术通则．北京钢铁设计研究总院，国家建材局标准化研究所等，国家技术监督局，1996.

冶金工业出版社部分图书推荐